Markus Weinländer

Entwicklung paralleler Betriebssysteme

Programmierung, Softwareentwicklung, Betriebssysteme

Markus Weinländer

Entwicklung paralleler Betriebssysteme

Design und Implementierung von Multithreading-Konzepten in C++

Das in diesem Buch enthaltene Programm-Material ist mit keiner Verpflichtung oder Garantie irgendeiner Art verbunden. Der Autor und der Verlag übernehmen infolgedessen keine Verantwortung und werden keine daraus folgende oder sonstige Haftung übernehmen, die auf irgendeine Art aus der Benutzung dieses Programm-Materials oder Teilen davon entsteht.

Softcover reprint of the hardcover 1st edition 1995

Der Verlag Vieweg ist ein Unternehmen der Bertelsmann Fachinformation GmbH.

Gedruckt auf säurefreiem Papier

ISBN-13: 978-3-322-83080-7 e-ISBN-13: 978-3-322-83079-1
DOI: 10.1007/ 978-3-322-83079-1

Vorwort

Betriebssysteme, die mehrere Programme gleichzeitig ausführen können, benötigen einen Kern, der die Zuteilung von Ressourcen und die Kommunikation zwischen den Prozessen steuert. In diesem Buch finden Software–Entwickler die notwendigen Rezepte zum Design eines Systemkerns aus objektorientierter Sicht und zur Erstellung von parallelen Anwendungen mit Hilfe von Threads, wie es sich bei modernen kommerziellen Betriebssystemen (OS/2, Windows NT) als Trend abzeichnet. Die Implementierung der vorgestellten Konzepte wird anhand des Mikrokernels *OMT* exemplarisch gezeigt. Als Bibliothek für Borland C++–Compiler kann dieser Kern zu eigenen, parallelen Applikationen gebunden werden und erlaubt auf einfache Weise die Entwicklung und das Studium von Betriebssystemtechniken auf einem DOS–PC.

Bjarne Stroustrup, der Erfinder von C++, hat in seinem Werk „The Design and Evolution of C++“ die Sprache als besonders geeignet zur Realisierung paralleler Programme beschrieben. Klassen könnten, so Stroustrup, als quasi–parallele Teile eines Programmes gesehen werden. Dieses Buch verwirklicht genau diese Idee als Beispiel für objektorientiertes Betriebssystemdesign.

Die Kombination von C++ und Betriebssystementwicklung hat sich als fruchtbar in beide Richtungen erwiesen. Die Implementierung der Betriebssystem-Funktionen mit der objektorientierten Sprache läßt die verwendeten Konzepte besonders klar und leicht verständlich erscheinen. Gerade die Vererbung und die Polymorphie von Objekten bilden mächtige Werkzeuge bei der Gestaltung des Systems. Andererseits ist gerade der Bau eines Betriebssystems ein hervorragendes Beispiel für C++-Programmierer zur Verwendung der Sprache in der Systementwicklung.

Das Buch gliedert sich in vier große Abschnitte. Nach einer Einführung in das Thema stellt Kapitel 2 die Grundzüge der Sprache C++ vor. In der Literatur wird C++ oft als Entwicklungssprache für grafikorientierte Anwendungsprogramme oder Klassenbibliotheken präsentiert. Doch die Sprache ist gerade für die Realisierung von Betriebssystemen bis auf wenige Ausnahmen überaus geeignet. Ein gewisses Basiswissen über C ist jedoch unbedingte Voraussetzung für das Verständnis (mit C++ hinreichend vertraute Leser können das Kapitel gerne überblättern).

Das dritte Kapitel widmet sich ganz der Realisierung von Threads. Es definiert den Begriff des Prozesses, erklärt den Unterschied zwischen einem auf Diskette gespeicherten Programm und einem Prozeß und erweitert die Thematik auf Threads, die als Subprozesse angesehen werden können. Sie arbeiten im gleichen Datensegment des Rechnerspeichers und werden so zu elementaren Programmbausteinen in der Art, wie sie Funktionen und Prozeduren in konventionell strukturierter Software darstellen. Ein großer Abschnitt des Kapitels behandelt die Verwaltung von Prozessen und Threads. Schließlich wird das Multithreading-System für DOS, *OMT*, vorgestellt.

Im vierten Kapitel werden die Kommunikationsmöglichkeiten von Threads und Prozessen untersucht. Der Schwerpunkt liegt dabei auf dem Austausch von Botschaften. Beispiele zu allen Kommunikationsmethoden und ein Ausblick auf das Client/Server-Konzept runden das Kapitel ab.

Die zugrundeliegende PC-Hardware und die Implementierungsdetails von OMT erläutert der letzte Abschnitt. Eine Quickreferenz zu den Betriebssystem-Aufrufen von OMT und die Sourcecodes beschließen das Buch. Ergänzt wird der Band durch eine Diskette, die

die Quelltexte von OMT und einige der in den Kapiteln vorgestellten Beispiele enthält.

Die Entstehung dieses Buches wäre ohne die tatkräftige Mithilfe meines Kollegen, Herrn Christoph Hüsgen, und vieler Freunde und Bekannte, die mich bei der Arbeit mit LaTeX unterstützten, kaum möglich gewesen. Ihnen, wie auch meinem Mentor Klaus–Dieter Thies, gebührt mein herzlicher Dank.

Happurg, im Februar 1995

Inhaltsverzeichnis

1 Wozu Betriebssysteme? 1

1.1 Aufgaben von Betriebssystemen 2

1.1.1 Programmausführung 3

1.1.2 Speicherverwaltung 4

1.1.3 Dateisysteme 5

1.1.4 Terminals, Drucker und andere Geräte 7

1.2 Strukturmodelle 8

1.2.1 Monolithische Systeme 9

1.2.2 Geschichteter Aufbau 11

1.2.3 Client/Server-Architekturen 12

1.3 Zusammenfassung 13

2 Systementwicklung mit C++ 15

2.1 C+1 == C++ 15

2.1.1 Ein bewährtes Werkzeug: C 15

2.1.2 Erweiterungen durch C++ 18

2.1.3 Referenzen 21

2.1.4 Speicherverwaltung 23

2.2 Das Klassenkonzept 25

2.2.1 Alles Objekte! 25
2.2.2 Programmierung von Klassen 28
2.2.3 Vererbung 35
2.2.4 Kapselung 40
2.2.5 Polymorphie 47
2.2.6 Objektbeziehungen 50
2.3 Ein formelles Hilfsmittel 53
2.4 Zusammenfassung 59

3 Prozesse und Threads **61**

3.1 Was sind Prozesse? 61
3.1.1 Der Kontext eines Prozesses 64
3.1.2 Prozesszustände 67
3.1.3 Threads – Prozesse innerhalb von Prozessen . 70
3.2 Die Verwaltung von Threads 74
3.2.1 Der Aufbau eines Threads 75
3.2.2 Die Verwaltungsgrundlage: FIFO–Queues . . 81
3.2.3 Das Dispatcher/Scheduler–Gespann 88
3.2.4 Scheduling–Strategien 99
3.2.5 Kernel Mode und User Mode 109
3.2.6 Hochlauf des Systems 110
3.3 Zusammenfassung 117

4 Thread–Kommunikation **119**

4.1 Asynchrone Threads 119
4.1.1 Das Problem des Gegenseitigen Ausschlusses 120
4.1.2 Semaphore 123
4.1.3 Monitore 128
4.1.4 Deadlocks 132

4.2 Die Notwendigkeit des Datenaustausches 137
4.2.1 Signale 139
4.2.2 Botschaften 151
4.3 Zusammenfassung 181

5 Die DOS–Erweiterung OMT **183**

5.1 PC-Hardware 183
5.1.1 Aufbau eines Personal Computers 184
5.1.2 Die Architektur der x86–Prozessoren 185
5.1.3 Interruptcontroller 194
5.1.4 Timer 196
5.2 Die OMT-Komponenten im Detail 198
5.2.1 Speicherverwaltung 198
5.2.2 Threadverwaltung 199
5.2.3 Threads 201
5.2.4 Kommunikation 202
5.2.5 Zeitverwaltung 204
5.3 Quelltexte 205
5.4 Generierung des Systems 248

6 Nachwort **251**

A Literaturverzeichnis **255**

B Stichwortverzeichnis **257**

Kapitel 1

Wozu Betriebssysteme?

Sehen Sie sich einmal in Ihrer Umwelt um: Im Büro, am Fahrkartenschalter, in Mikrowellenherden und Waschmaschinen, im CD–Player, im Auto, einfach überall finden Sie Computer, die das Leben leichter machen (sollen). Kaum eine Firma, die keinen PC im Büro einsetzt, kaum eine Tankstelle oder ein Supermarkt, der keinen Kassencomputer am Ausgang stehen hat. Damit diese vielen Helferlein ihre Arbeit verrichten können, benötigen sie neben einer passenden Elektronik oder, auf neudeutsch, Hardware, auch leistungsfähige Software, die das Gerät nach einem festgelegten Programm steuern kann. Meist hat aber die *Anwendungssoftware* (zum Beispiel eine Datenbank) aus Sicht der Programmfunktionalität wenig mit der Hardware wie einem Festplattencontroller zu tun. Die Schwierigkeiten, die hier bei der Entwicklung auftreten, sind ganz anderer Natur, als die, denen sich ein Programmierer bei der Datenbankerstellung widmen muß. Zudem muß die Anwendung auf unterschiedlichste Rechner abgestimmt werden, da es viele unterschiedliche Geräte geben kann — was mit einer Datenbank überhaupt nichts mehr zu tun hat.

Um also die Anwendung von der schwierigen Aufgabe der Hardware–Steuerung entlasten zu können und um verschiedene Hardware–Realisierungen zueinander kompatibel zu gestalten, gibt es ein Programm, das zwischen dem Gerät und der Anwendung geschaltet ist: das Betriebssystem. Die Aufgabe dieser Software ist es, die verschiedenen Komponenten zu verwalten und den Zugriff auf die Hardware auf eine logische Ebene zu abstrahieren.

Es gibt heute eine bunte Vielfalt solcher Basis–Programme. Das bekannteste Betriebssystem ist MS–DOS, das weltweit auf den meisten Personal Computern eingesetzt wird. Um die in diesem Buch vorgestellte Software leicht selbst ausprobieren zu können, ist sie deshalb als Aufsatz zu MS–DOS realisiert. MS–Windows ist ebenfalls ein Aufsatz zu DOS und weit verbreitet. Ein weiteres PC–Betriebssystem, das langsam auf dem Markt Fuß zu fassen scheint, ist OS/2. Ursprünglich von IBM und Microsoft als Nachfolger von DOS konzipiert, konnte es „Big Blue“ als schärfsten Konkurrenten zur Windows–Schiene plazieren.

Eher im Bereich der Workstations findet sich UNIX, eines der dienstältesten Betriebssysteme, dessen Wurzeln bis in die sechziger Jahre zurückreichen. Zahlreiche Varianten dieses Betriebsprogrammes wie SORIX oder Solaris sind auf vielen Maschinen installiert.

1.1 Aufgaben von Betriebssystemen

Betriebssysteme dienen heute den unterschiedlichsten Aufgaben und Anforderungen: Es gibt kleine Systeme für PCs, die Dateien verwalten und ein Terminal bedienen können, oder größere Programme zur Verwaltung mehrerer Prozesse und mehrere Benutzer an einem Rechner. Echte Speziallösungen finden sich in industriellen Computeranwendungen, zum Beispiel in Form von Echtzeitsystemen oder Betriebsprogrammen für speicherprogrammierbare Steuerungen (SPS).

Entsprechend den unterschiedlichen Anforderungen an diese Systeme sind verschiedene Funktionen unterschiedlich stark ausgeprägt. So wird ein Systemprogramm zur Anlagensteuerung unter Umständen auf ein Dateisystem und die Kontrolle über Festplatten verzichten können, während hingegen ein Workstation–Betriebssystem gerade in diesen Bereich hohe Durchsatzraten erreichen muß. Es gibt vier solcher Kernaufgaben, die im einzelnen kurz vorgestellt werden.

1.1.1 Programmausführung

Eine der zweifellos augenfälligsten Aufgaben ist das Ausführen von Programmen. Der Benutzer gibt an der Tastatur ein Kommando ein, das Programm wird geladen und gestartet. Dazu ist neben den Komponenten *Filesystem* und *Speicherverwaltung* die Fähigkeit notwendig, Programme im Speicher zu verwalten. Das Betriebssystem muß eine Möglichkeit anbieten, weitere Programme zu laden und zu starten, und es muß ein Programm beenden können, wenn es dies wünscht.

Die Erfüllung dieser Aufgabe ist jedoch komplizierter, als es im ersten Moment scheint. Das Programm muß beim Laden *relokalisiert* werden, das heißt, die Sprungadressen bei Verzweigungen innerhalb des Programms müssen neu berechnet werden. Bei der Generierung des Programmes kann dies nicht erfolgen, da sonst ein für allemal die Startadresse der Software im Speicher festgelegt wäre. Tatsächlich hängt der Beginn des Adreßraums von der aktuellen Auslastung des Computers ab.

Falls das Betriebssystem die parallele Ausführung von Programmen unterstützt, muß es über Mechanismen zur gerechten Zuteilung der

CPU an die einzelnen Prozesse verfügen. Ferner sind „Schiedsrichter“ in Form von Systemaufrufen und hardwaregestützten Maßnahmen nötig, damit sich die einzelnen Programme nicht gegenseitig behindern und „in die Haare kommen“ können. Eine Programmverwaltung wird abgerundet durch die Realisierung verschiedener Methoden, damit die Prozesse miteinander kommunizieren und gemeinsam an einer Aufgabe arbeiten können.

1.1.2 Speicherverwaltung

Nicht so offensichtlich, aber ebenso essentiell ist die Fähigkeit von Betriebssystemen, den Arbeitsspeicher des Computers zwischen mehreren Programmen aufzuteilen. Meist wird der Zugriff auf Arbeitsspeicher durch das Betriebssystem soweit abstrahiert, daß das resultierende *Speichermodell* vom Programmierer leicht zu verstehen ist. Aber leider ist das oft graue Theorie:

- unter MS–DOS gibt es mehrere verschiedene Speicherbereiche (DOS–Speicher, EMS, XMS, ...), die von Programmen unterschiedlich angesprochen werden müssen;
- Windows 3.1 kennt einen „globalen“ und einen „lokalen“ Heap, auf die jeweils über einen eigenen Systemcall zugegriffen wird;
- auch die Hardware spielt eine gewichtige Rolle: so ist es auf Prozessoren der 8086–Familie von Intel im sogenannten *Real Mode* häufig nicht möglich, mehr als 64 KByte zu allokieren. Viele verschiedene Speichermodelle erlauben es deshalb beim Compilieren des Programmes, die Grenzen der Maschine mehr oder minder aufwendig zu sprengen.

Dabei ist die normale Speicherverwaltung noch nicht mal „state of the art“. Viele moderne Prozessoren unterstützen das Konzept des virtuellen Speichers, das einen Teil des vermeintlichen Arbeitsspeichers auf einer Festplatte auslagert. Wird ein Speicherbereich angesprochen, der extern verwaltet wird, aktiviert der Prozessor das Betriebssystem über eine Exception–Meldung. Das System sucht sich einen Bereich des realen Arbeitsspeichers, lädt den Inhalt der ausgelagerten Speicherseiten in dieses RAM und „verbiegt" den Zugriffszeiger auf den tatsächlichen Speicherbereich. Man sagt, der virtuelle Speicher wird auf den realen Speicher *abgebildet.*

Ein weiteres Feature ist der Speicherschutz. Auf einem größeren Rechner mit mehreren Benutzern bearbeitet die Sekretärin vielleicht gerade die Gehaltslisten, während die Entwickler an ihren Projekten werkeln. Nun könnte einer der Programmierer einen Prozeß starten, das den Speicher des parallel laufenden Personaldatenprogramms inspiziert — der Datenschutz wäre durchbrochen. Ebenso könnte er Betriebssystemfunktionen überarbeiten (da sie ebenfalls im RAM liegen) oder interne Tabellen manipulieren und somit Zugriffsschranken umgehen. Die Hardware, vor allem die modernen Prozessoren, können solche Attacken abwehren. Ein ausgeklügeltes System aus Zugriffsrechten und verschiedenen Sicherheitsstufen erlaubt es, Speicherbereiche vollständig gegeneinander abzugrenzen. Anwendungssoftware läuft auf der niedrigsten Stufe, während der Betriebssystemcode höchst priorisiert ist. Über Tabellen ist exakt festgelegt, welcher Prozeß auf welchen Speicher zugreifen darf; eine Veränderung der Tabellen ist nur Programmen auf Stufe 0 gestattet (also dem Betriebssystem). Ein bekanntes Stichwort dazu ist der *Protected Mode* der Intel–Prozessoren.

1.1.3 Dateisysteme

Eine wichtige Aufgabe stellt die Verwaltung von Massenspeichern dar. Heute sind die Preise für Festplatten, CD–ROMs und andere Medien soweit gesunken, daß nahezu jeder kleine Notebook-Computer mit einer Magnetplatte ausgestattet ist; bei Bürogeräten ist der CD-ROM-Leser bald obligatorisch.

Um einen schnellen und anwenderfreundlichen Zugriff auf die gespeicherten Daten zu gewähren, organisieren Betriebssysteme die Massenspeicher in Form von Dateien und Verzeichnissen.

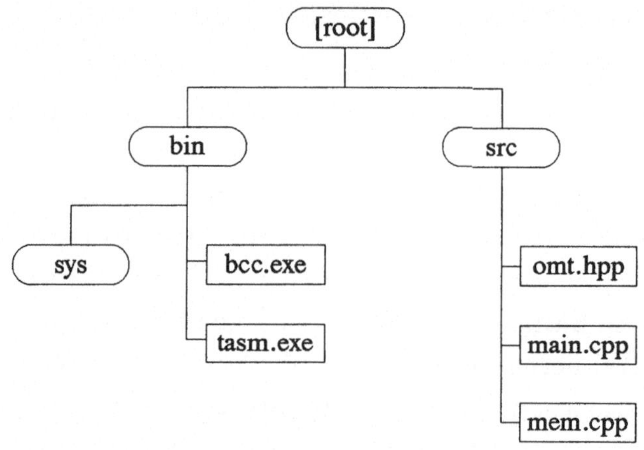

Abbildung 1.1: Dateisysteme erleichtern den Datenzugriff

Bei Dateisystemen gibt es in aller Regel ein Hauptverzeichnis oder *Root-Directory*, das die Wurzel des Dateibaumes bildet. Darunter können sich baumförmig weitere Verzeichnisse oder Dateien befinden (Abbildung 1.1). Das Format von Dateien kann unterschiedlich sein: Je nach Anwendungsschwerpunkt finden sich formatlose Varianten wie *Streamdateien* genauso wie satzorientierte Dateien. Die Daten werden meist über einen ASCII-String als Name angesprochen.

Aufgabe des Betriebssystems beim Zugriff auf Dateien ist es, den logischen Dateinamen auf seine physikalische Adresse aufzulösen, bzw. mehrere physikalische Blöcke unter einem Dateinamen zusammenzufassen. Große Bedeutung hat dabei die Zuverlässigkeit des Systems: Schäden am Dateisystem kosten oft enorme Summen. Auch der Zugriffsschutz spielt eine Rolle.

Einige Betriebssysteme sind inzwischen nahezu ausschließlich auf die Verwaltung großer Massenspeicher spezialisiert. Dazu gehören vor allem die gängigen Netzwerkbetriebssysteme, die einen großen, gemeinsamen Massenspeicher für viele Benutzer anbieten und verwalten. Eine völlig andere Richtung schlagen Spezialbetriebssysteme für Prozessor–Chipkarten ein, wie sie seit kurzem entwickelt werden. Hier organisiert das Betriebssystem den internen Datenspeicher des Chips in Form von Dateien und Verzeichnissen; über Kommandos, die zum Betriebssystem über eine I/O–Schnittstelle geschickt werden, kann der Benutzer auf die Daten zugreifen. Zugriffsschutz und Datenverschlüsselung sind weitere Features dieser Spezialisten.

1.1.4 Terminals, Drucker und andere Geräte

Die letzte Aufgabe von Betriebssystemen ist die Abstraktion von Gerätezugriffen auf ein höheres, logisches Niveau. Eine Möglichkeit dafür haben wir bereits bei den Dateisystemen kennengelernt. Der Benutzer kann über ASCII–Zeichenketten Daten ansprechen, anstatt den Festplattencontroller programmieren und sich die Nummern der von ihm belegten Sektoren merken zu müssen. Dieses Prinzip wird meist für die anderen Geräte, die ein Betriebssystem verwaltet, beibehalten: Drucker, Terminals, serielle Schnittstellen und viele mehr sind über logische Namen und abstrakte Zugriffsmechanismen erreichbar. Unter MS–DOS hat dies zur Folge, daß sämtliche Geräte über einen reservierten Dateinamen angesprochen werden, als seien hinter diesen Namen tatsächlich ganz gewöhnliche

Dateien verborgen. So führt zum Beispiel der Befehl zum Kopieren von Dateien in der Befehlszeile

```
copy diesda.txt prn
```

dazu, daß die Datei diesda.txt auf dem Drucker ausgegeben wird, da `prn` ein Gerät und keine Datei ist.

Dem Benutzer wird meist die Möglichkeit geboten, eigene Geräte in diesen Verwaltungsmechanismus einzubinden. Er benötigt dazu ein spezielles Programm, den sogenannten *Gerätetreiber*, der die logischen Betriebssystemfunktionen auf seine individuelle Hardware umsetzt. Die Entwicklung von Gerätetreibern zählt zu den schwierigsten Aufgaben im Umgang mit Betriebssystemen, da sie nur schwer getestet werden können. Zudem muß die Treibersoftware mit allen Unwägbarkeiten der Hardware zurechtkommen. Gerätetreiber werden deshalb in aller Regel vom Hersteller der Hardware mitgeliefert.

Ein Trend, der sich seit mehreren Jahren immer mehr festigt, ist die zunehmende Verbreitung grafikorientierter Benutzeroberflächen, wie sie Windows oder OS/2 bieten. Auch hier ist es Aufgabe der Systemsoftware, den Zugriff auf Bildschirm–Fenster, Menüs und dergleichen stark zu abstrahieren, um die Benutzung der angebotenen Dienste durch Anwendungsprogramme möglichst zu vereinfachen.

1.2 Strukturmodelle

Neben einer funktionellen Gliederung lassen sich Betriebssysteme durch ihre Realisierungsstruktur unterscheiden.

1.2.1 Monolithische Systeme

Die meisten Betriebssysteme zeichnen sich dadurch aus, daß sie *keine Struktur* haben. MS–DOS ist das am meisten verbreiteste Beispiel für Systeme dieser Art. Bei DOS sind alle Betriebssystemfunktionen über die Interruptschnittstelle 21h zugänglich. Dabei können Funktionen aufgerufen werden, die tatsächlich für Benutzer gedacht sind (wie das Öffnen einer Datei). Genausogut kann ein Programm Prozeduren benutzen, die nur für DOS–Interna wichtig sind und für eine Applikation uninteressant sein sollten. Es gibt zum Beispiel Funktionen, die Zeiger auf interne Datenstrukturen zurückliefern, und ähnliches mehr: *information hiding*, das Verbergen der Interna vor der Anwendersoftware, findet nicht statt.

Trotz diesem Durcheinander von internen und öffentlichen Prozeduren existiert ein kleiner Ansatz zur Strukturierung: die Schnittstelle über den Softwareinterrupt 21h. Durch eine entsprechende Belegung der CPU–Register vor dem Aufruf wird DOS mitgeteilt, welche Funktionalität gemeint ist. Ungültige Werte in diesen Registern werden abgelehnt, so daß wenigstens nicht wild in den Code des Betriebssystems verzweigt werden kann.

Abbildung 1.2 zeigt den strukturellen Aufbau von DOS im Überblick. Deutlich erkennbar ist, daß sowohl externe Applikationen als auch DOS–Funktionen auf Unterprogramme zugreifen dürfen.

Die Probleme, die sich durch diese Struktur ergeben, liegen gerade bei DOS auf der Hand. Es gibt etliche undokumentierte Funktionen des Betriebssystems, die offiziell nicht unterstützt werden, da sie angeblich ausschließlich für interne Zwecke benutzt werden. Leider lassen sich viele Aufgaben nur durch die Benutzung solcher „geheimen" Systemaufrufe realisieren. Durch viele Veröffentlichungen zu diesem Thema sind die benötigten Tricks inzwischen hinreichend bekannt.

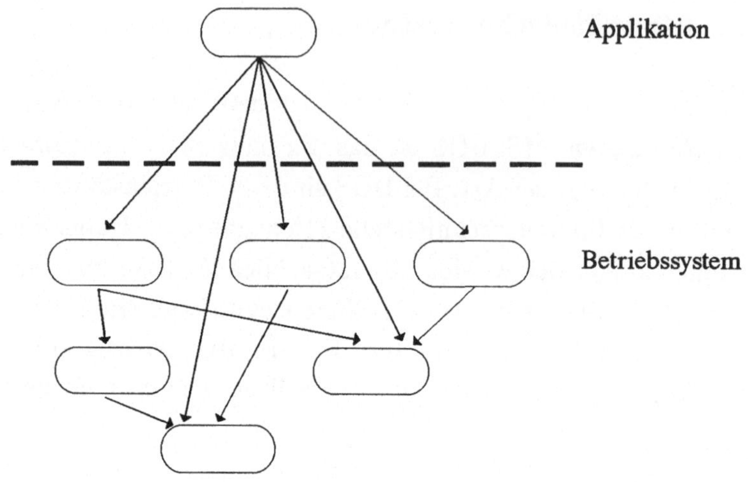

Abbildung 1.2: Monolithische Struktur von MS–DOS

Das Ergebnis sind zwei komplizierte Probleme, mit denen Software–Ingenieure zu kämpfen haben:

- Einige Funktionen wurden von Microsoft beim Übergang auf eine neue Version geändert, so daß etliche Programme nur auf der einen, aber nicht auf der anderen Version laufen. Für den Kunden kann dies sehr ärgerlich werden, da er unter Umständen mehrere Versionen des Betriebssystems benötigt, um verschiedene Software–Pakete nutzen zu können.

- Der respektlose Umgang mit den Betriebssystem–Ressourcen hat zu einer regelrecht fatalistischen Programmierer–Mentalität geführt, nach dem Motto, die Maschine liegt dem Programm bis ins letzte Bit zu Füßen. Software, die direkt auf System–Interna zugreift, ist jedoch schwierig zu pflegen und zu portieren. Schwierigkeiten ergeben sich auch dann, wenn ein solches DOS–Programm in einer anderen Umgebung (DOS–Boxen in OS/2 oder UNIX) ausgeführt werden soll.

Entwickler von Betriebssystemen sollten nach Möglichkeit auf monolithische Strukturen verzichten. Einzig in Nischenlösungen, bei denen der Systemkern so klein wie möglich ausfallen muß, finden sie ihre Berechtigung.

1.2.2 Geschichteter Aufbau

Eine deutliche Strukturverbesserung ergäbe sich, würden diejenigen DOS-Subroutinen, die nicht für den Anwender gedacht sind, in eine tiefere, unzugängliche Schicht verlagert. Man erhält ein geschichtetes Modell, das nur an der obersten Schicht eine Schnittstelle zu den Anwenderprogrammen bietet:

Schicht	Aufgabe
5	Anwendungsprogramm
4	System-Schnittstelle
3	I/O-Verwaltung (Dateisystem), Prozeßverwaltung
2	Geräte- und Hardwaresteuerung
1	Hardware

In dem in der Tabelle dargestellten, fiktiven Schichtenmodell bildet die unterste Schicht die Hardware selbst. Sie setzt sich aus den gängigen Komponenten eines Computers, also Speicher, Festplatten, Terminals und ähnlichem zusammen. Diese Hardware wird ausschließlich über die Gerätetreiber angesprochen. Maschinenabhängige Details werden in dieser Schicht verborgen, so daß die höheren Schichten nichts mehr über die speziellen Ausprägungen der Hardware auf den unterschiedlichen Rechnern wissen müssen. In der dritten Schicht werden die eigentlichen Systemdienste organisiert, also das Dateisystem oder die Prozeßverwaltung. Diese

Ebene kann nur über wohldefinierte Systemcalls aufgerufen werden, die an die Schicht vier gerichtet und von ihr in Aufrufe an die darunterliegende Schicht übersetzt werden. Die oberste Schicht bildet schließlich das Anwendungsprogramm.

1.2.3 Client/Server–Architekturen

Moderne Betriebssysteme gehen einen anderen Weg bei der Abstraktion der Zugriffe. Sie sind intern als geschichtete Systeme aufgebaut, doch der Aufruf einzelner Dienste erfolgt nicht über Interruptschnittstellen oder ähnliches, sondern über Botschaften. Dabei laufen die Systemdienste nicht mehr als Teil des aufrufenden Programmes ab, sondern von diesem getrennt in einem parallelen Systemprogramm (Abbildung 1.3).

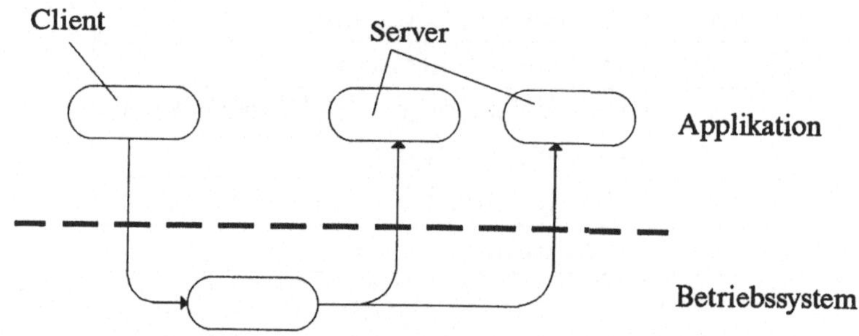

Abbildung 1.3: Client/Server–Betriebssysteme

Die Client/Server–Architektur bietet viele Vorteile:

- Der Kern des Systems wird deutlich entschlackt, da er nur noch für den Transport der Botschaften verantwortlich ist. Die Bearbeitung der Systemaufrufe und die Organisation der angebotenen Dienste (z.B. Dateisysteme) erfolgt im entsprechenden Serverprozeß, der vom System wie ein normales Benutzerprogramm behandelt wird.

- Es ist ein leichtes, neue Systemdienste zu integrieren oder bestehende abzuändern, da nur der entsprechende Serverprozeß integriert bzw. geändert werden muß. Das System gewinnt an Flexibilität.

- Verteilte Systeme, also Betriebssysteme, die mehrere Computer im Netzverbund steuern, können völlig transparent aufgebaut werden. Der Botschaftstransport zwischen Kundenprozeß und Server kann genausogut zwischen zwei Rechnern über ein Netzwerk als zwischen zwei Programmen im lokalen Speicher erfolgen.

Gerade der letzte Aspekt wird in Zukunft immer wichtiger, da es vielfach billiger ist, mehrere Rechner der mittleren Leistungsklasse über ein LAN (Local Area Network) zu koppeln, als einen Großcomputer aufzustellen.

1.3 Zusammenfassung

Mit der zunehmenden Verbreitung von Computersystemen sind auch die Betriebssysteme, die eine Schnittstelle zwischen Hardware und Anwendungssoftware darstellen, immer wichtiger geworden. Betriebssysteme abstrahieren den Zugriff auf Ressourcen des Systems, steuern aber auch die sichere und gerechte Zusammenarbeit mehrerer Programme.

So lassen sich die Aufgaben eines Betriebssystems in vier Gruppen aufteilen. Um Anwendungsprogramme, die auf der Diskette oder Festplatte gespeichert sind, ausführen zu können, benötigt das Betriebssystem einen *executable loader*. Zur Programmverwaltung können ferner Maßnahmen gehören, die die parallele Verarbeitung von Prozessen erlauben. Eng damit verbunden ist die Verwaltung des Arbeitsspeichers, der auf einigen Systemen den Schutz verschiedener paralleler Anwendungen voreinander einschließt. Um den Zugriff auf Massenspeicher möglichst einfach zu gestalten, kontrolliert das Betriebssystem die Festplatten durch ein Dateisystem. Benutzer können ihre Daten meist mit Namen und Pfadangaben ansprechen. In ähnlicher Weise erfolgt die Einbindung von Zusatzgeräten wie Druckern. Oft wird dabei das Konzept der Gerätetreiber eingesetzt.

Eine andere Gliederungsart ist die Unterteilung der Betriebssysteme nach ihrem Aufbau. Klassische Systeme werden als monolithisch bezeichnet, da sie meist keine besondere Struktur haben. Ein besserer Ansatz sind geschichtete Aufbauformen. Gerade in den letzten Jahren verbreiteten sich Client/Server-Modelle immer stärker.

Kapitel 2

Systementwicklung mit C++

So wie ein Schreiner oder Schlosser sein Handwerkszeug beherrschen muß, um seine Arbeit gut und schnell erledigen zu können, stellt sich auch an den Betriebssystem–Programmierer die Forderung, seine Entwicklungswerkzeuge genau zu kennen. In erster Linie ist damit die verwendete Computersprache gemeint. Die in diesem Buch gewählte Sprache ist C++, deren wesentliche Elemente im folgenden Kapitel in Erinnerung gerufen werden.

2.1 C+1 == C++

2.1.1 Ein bewährtes Werkzeug: C

C ist eine moderne, strukturierte Programmiersprache, die sich vor allem bei der Erstellung maschinennaher Software für Industrierechner, für Betriebssysteme und Treiber durchgesetzt hat. Dies liegt daran, daß C weitgehend die Kontrolle über die Maschine erlaubt, ohne auf typische Hochsprachenelemente zu verzichten. Wichtige Features — im Vergleich zu anderen Sprachkonzepten — sind:

- ☐ das Zeigerkonzept, das Zugriff auf jede Adresse des Systems innerhalb oder außerhalb des Programms erlaubt;
- ☐ die binären Operatoren wie `& | ^ << >>`, um effektive Bitverarbeitung zu betreiben;
- ☐ die strukturelle Ähnlichkeit zu Maschinenprogrammen, die einen hohen Optimierungsgrad der Compiler ermöglicht.

Die leichte Kombinierbarkeit von C–Programmen mit Assemblermoduln erschließt auch diejenigen Winkel der Maschine, die für C unerreichbar sind.

Wie weit die Möglichkeiten der hardwarenahen Programmierung mit C reichen, soll ein kleines Beispiel illustrieren. Vor einiger Zeit stellte sich mir die Aufgabe, das Carry–Flag der CPU abzufragen – eine typische Assemblerfunktion. Als Entwicklungsumgebung stand jedoch nur ein ANSI–C–Compiler zur Verfügung. Die Lösung ergab sich in einem kleinen Programm:

```
char cy2int_array []
          = { 0x9c, 0x58, 0x25, 0x01, 0x00, 0xc3 };

void main()
{
    int (*cy2int) (void);
    cy2int = (int (*) (void)) cy2int_array;
    printf ("Carry = %u\n", cy2int());
}
```

Im Character–Array sind die Opcodes einer kleinen Assemblerroutine hinterlegt:

```
cy2int_array    PROC
                pushf
                pop     ax
                and     ax,1
                ret
                ENDP
```

Die Prozedur lädt das Flagregister mit `PUSHF` und `POP AX` in den Akkumulator. Dort werden alle Bits außer dem CY–Flag ausgeblendet und als Ergebnis zurückgeliefert (C–Funktionen übergeben Rückgabewerte bis zur Größe eines `int` auf Intel x86–Prozessoren in AX). Im Hauptprogramm des C–Codes ist zunächst ein Zeiger auf eine Funktion vereinbart, die keine Parameter erwartet und einen Integer liefert. Dieser Funktionspointer wird auf das Character–Array geleitet. In der letzten Zeile wird der Code, auf den `cy2int` zeigt, gestartet — *und das ist das Array!*

Zugegeben, das Beispiel ist extrem. Kein Mensch würde auf die Idee kommen, einen derart schwer zu wartenden Code zu entwickeln. Es geht hier aber weniger um Stilfragen, als um die reine Möglichkeit, derartiges zu programmieren.

Die heutigen Compiler verfügen darüber hinaus über Fähigkeiten, die, außerhalb der ANSI–Norm, sehr fein auf die Bedürfnisse unterschiedlicher Prozessoren zugeschnitten sind. So kann mit Borlands C–Compilern die Verarbeitung von Interrupts oder der Zugriff auf I/O–Ports realisiert werden. Im Bereich der Mikrocontroller, noch immer eine Domäne für Assemblersoftware, sind leistungsfähige Übersetzer verfügbar, die den Codeumfang nur um etwa Faktor zwei erhöhen (ein sehr guter Wert für Hochsprachen–Compiler).

Ein weiteres, wichtiges Argument für C ist die einfache Implementierung der Compiler. Wird ein neues Hardwaresystem entwickelt, können verhältnismäßig schnell C–Compiler für die neue Plattform zur Verfügung gestellt werden.

2.1.2 Erweiterungen durch C++

Aller Flexibilität zum Trotz hat C eine Reihe von Nachteilen, die den Einsatz der Sprache erschweren. Das am häufigsten aufgeführte Problem ist die hohe Fehlerrate von C–Programmen, die viel mit Zeigern arbeiten. Auch die Lesbarkeit von C–Programmen ist bei manchen Entwicklern stark beeinträchtigt, da beliebig komplizierte Ausdrücke möglich sind, deren Auswertung durch den Compiler nicht mehr auf den ersten Blick einsichtig ist. Die Hardwarenähe ist schließlich nicht nur der größte Vorteil, sondern auch das bedeutendste Manko von C: Versuchen Sie doch einmal, einen Syntax–Parser in C zu entwickeln — eine wahre Tortur im Vergleich zu Realisierungen in LISP oder: anderen, vergleichbaren Sprachen!

So hat sich im Lauf der Zeit ein Erfahrungsschatz herausgebildet, der in C++ eingeflossen ist. Wichtigste Neuerung von C++ gegenüber C ist das Klassenkonzept, das im nächsten Abschnitt ausführlich besprochen wird. Es erlaubt eine Programmstruktur auf einem höheren Abstraktionsniveau als das prozedurale Konzept. Weitere, kleinere Verbesserungen werden wir im weiteren Verlauf betrachten, und einige Features betreffen nur die genauere und engere Definition von Sprachelementen.

Der folgende Text erhebt keinen Anspruch auf Vollständigkeit bezüglich der vorgestellten Erweiterungen. Er gibt vielmehr einen Überblick über diejenigen Sprachelemente, die wir in den späteren Kapiteln zur Implementierung der Betriebssystem–Funktionen benötigen.

Default–Parameter

Funktionen mit variabler Parameterzahl sind in C zwar möglich, wie das bekannte Beispiel der `printf()`–Funktion zeigt. Die Implementierung solcher Prozeduren ist aber umständlich und fehlerträchtig, da dem Compiler keinerlei Typinformationen zur Verfügung stehen; `printf()` bestimmt Anzahl und Typ seiner Parameter zur Laufzeit durch die Formatangaben im ersten Parameter.

Fehler können so sehr leicht geschehen: `printf()` geht bei einem Aufruf mit

```
printf ("Hallo, %s!\n");
```

davon aus, als zweiten Parameter einen Zeiger auf einen Null-terminierten String erhalten zu haben. Der Programmierer hat den Stringpointer leider vergessen, doch das stört `printf()` nicht im geringsten: die Funktion gibt irgend etwas am Bildschirm aus.

Trotzdem ist die Verwendung solcher Funktionen von Aufruferseite aus sehr beliebt, da komfortabel: warum sollten Parameter übergeben werden, die nicht relevant sind? C++ hat einen für beide Seiten tragbaren Kompromiß gefunden: Mit Hilfe von Default–Parametern können Funktionsparameter mit einem Standardwert belegt werden, wenn nichts anderes angegeben ist.

Dazu ein Beispiel: Benötigt wird eine Funktion, die eine Zeichenkette in einer bestimmten Farbe auf dem Bildschirm ausgibt. Meistens will der Benutzer dieser Funktion die Standardfarben „Hellgrau auf Schwarz“ verwenden. Wir implementieren deshalb die Funktion `puts()` wie folgend:

```
void puts (char *string, char color=LIGHTGRAY)
{
    textcolor (color);
```

```
    cprintf ("%s", string);
}
```

Dem Parameter color wird als Defaultwert LIGHTGRAY zugewiesen. Der Aufrufer hat nun die Möglichkeit, die Funktion wie gewohnt mit Parametern zu versorgen:

```
    puts ("Hallo!", RED);
```

Will er hingegen die Standardfarbe wählen, genügt

```
    puts ("Hallo!");
```

Der zweite Parameter wird dennoch an die Funktion übergeben — mit dem Defaultwert LIGHTGRAY.

C++ erlaubt die Verwendung beliebig vieler Default–Parameter. Aus Gründen der einfachen und verständlichen Handhabung können jedoch nur die hinteren Elemente eine Parameterliste mit Standardwerten belegt werden; eine Funktion mit

```
void falsches_Beispiel (int a=0; int b)
{
    ...
}
```

ist unzulässig. Eine weitere Syntaxregel schreibt vor, daß Defaultparameter beim Einsatz von *prototyping* nur bei der Funktionsdefinition (also in der Include–Datei) festgelegt werden können.

So elegant mit den Defaultparametern gearbeitet werden kann: Ihr Einsatz sollte wohlüberlegt sein. Wird eine Funktion mit weniger Parametern aufgerufen, als möglich sind, sollte der Sinn ihrer Standardwerte leicht einsichtig sein. Es macht keinen Sinn, bei einer Dateilöschfunktion, die auch die Festplatte formatieren kann, letzteres Feature per Defaultparameter einzuschalten.

2.1.3 Referenzen

Referenzen wurden als neuer Datentyp in C++ eingeführt. Sie stellen einen *Alias*-Namen für eine Variable zur Verfügung, ähnlich zur **#define**-Anweisung:

```
int eine_zahl;
#define eine_zahl dasselbe

dasselbe = 25;
```

Ab dem **#define**-Statement kann auf die Variable sowohl über ihren eigentlichen Namen **eine_zahl** als auch über den Alias-Namen **dasselbe** zugegriffen werden.

Die Funktion einer Referenz ist damit bereits gut beschrieben, doch es gibt einen wesentlichen Unterschied. Während **#define**-Ausdrücke vor der Compilierung durch den sogenannten Präprozessor textuell ersetzt werden, bilden Referenzen echte Datentypen und lassen sich somit für Funktionsparameter und -ergebnisse einsetzen.

Referenzen werden in C++ durch den Operator **&**, eingefügt zwischen Typ und Bezeichner, vereinbart:

```
int a;
int &b = a;    // b ist Alias fuer a
```

In den meisten Fällen werden Referenzen als Parameter und Ergebnisse von Funktionen eingesetzt, so, wie in C Zeiger verwendet würden:

```
void machwas (struct irgendwas &puffer)
{
```

```
    printf("%c",puffer.element1);
    printf("%f",puffer.element2);
    ...
}
```

Die Lösung mit Zeigern hätte ganz ähnlich ausgesehen und wird vom Compiler genauso übersetzt. Andererseits kann die Funktion auf die Parameter zugreifen, als wären sie als normale Wertparameter übergeben worden (in C ist damit das Kopieren größerer Datenbereiche verbunden). Die syntaktische Klarheit vereint sich mit der Effizienz der Zeigerübergabe.

Wie bei einem „Call by reference“ hat die Funktion die Möglichkeit, die übergebene Struktur zu verändern, so daß der Strukturinhalt beim Aufrufer ein anderer wird. Wäre im obigen Beispiel das Statement

```
puffer.element0 = 0xFFFF;
```

enthalten, so würde für den Aufrufer gelten:

```
struct irgendwas Meine_Struktur;

machwas (Meine_Struktur);
Meine_Struktur.element0 == 0xFFFF; // Wahr!
```

Schließlich wurde der Funktion nur ein Alias-Name und nicht eine eigene Kopie der Struktur übergeben. Funktionen, die übergebene Daten verändern, sollten besonders gekennzeichnet werden. Der Aufrufer kann bei der Codierung des Funktionscalls nicht feststellen, ob die Funktion den Parameter überarbeitet oder nicht (es sei denn, der Entwickler macht sich die Mühe und sucht den Prototypen der Funktion in der zugehörigen include-Datei). In C ist die

Übergabe des Zeigers zumindest ein warnender Hinweis auf etwaige Seiteneffekte.

2.1.4 Speicherverwaltung

Bislang mußten C–Programmierer, die in ihrer Software dynamisch Speicher verwalteten, mit den Funktionen `malloc()` und `free()` für das Anfordern und Freigeben des Speichers sorgen:

```
char *text;
text = (char*) malloc (sizeof(char) * 1024);
...
free (text);
```

Der Aufruf von `malloc()` erscheint durch die vor allem bei umfangreichen Strukturen unverzichtbare Angabe des `sizeof`–Operators kompliziert und damit fehlerträchtig. Auch das grundsätzliche Typcasting bei der Zuweisung des `void`–Pointers, den `malloc()` zurückgibt, an die Datenzeiger erleichtert nicht die Arbeit. C++ definiert deshalb zwei neue Operatoren, `new` und `delete`, die einfach zum Verwalten des Freispeichers eingesetzt werden können:

```
char *text;

text = new char[1024];
...
delete text;
```

Es genügt, nach dem `new`–Statement den gewünschten Datentyp anzugegeben, und schon bekommt man einen Block entsprechender

Größe zugewiesen. Zudem führt der Compiler eine automatische Typprüfung durch; Anweisungen wie

```
    text = new float[1024];
```

werden beim Übersetzen abgelehnt.

In C++ sollten ausschließlich `new` und `delete` zur Verwaltung des dynamischen Speichers verwendet werden. Um eigene Speicherverwaltungen zu implementieren, können die Operatoren *überladen* werden. Dazu werden zwei Funktionen definiert, die exakt die gleiche Schnittstelle wie die hinter `new` und `delete` verborgenen Routinen besitzen:

```
#include <mem.h>

void *operator new (size_t size)
{
    return = malloc (size);
}

void operator delete (void* mem)
{
    free (mem);
}
```

`mem.h` muß ins Programm aufgenommen werden, da dort die Struktur `size_t`, der Datentyp des Parameters von `new`, definiert ist. Die Funktionskörper enthalten als Beispiel die Anwendung der konventionellen Speichermanagement-Funktionen. In einem Programm können dort beliebige andere Verwaltungsmechanismen völlig transparent realisiert werden.

Die Fähigkeit zum Überladen ist nicht auf `new` und `delete` begrenzt. Prinzipiell kann jeder Operator, aber auch jede Funktion mit einer äquivalenten Definition überschrieben werden. Weitere Hinweise gibt [15].

2.2 Das Klassenkonzept

Waren die bis hierher besprochenen Neuerungen von C++ eher Detailverbesserungen von C, so ist das Klassenkonzept in C++ völlig neu. Es erweitert C um die Möglichkeit zur objektorientierten Programmierung und erlaubt das Arbeiten mit einer völlig anderen Sicht der Programmkomponenten.

2.2.1 Alles Objekte!

Die meisten Programme, die wir auf unserem PC verwenden, sind uns nur als schwarze Kästen bekannt. Wir schieben Daten hinein, starten das Programm und bekommen ein mehr oder minder sinnvolles Ergebnis:

```
type diesda.txt | sort
```

Die internen Vorgänge des Filters `sort` sind uns gleichgültig, ebenso, welche Konzepte zur Datenspeicherung verwendet wurden. Wir betrachten `sort` nur als *Objekt*; das einzig interessante daran ist: *Was* macht das Programm? Das *wie* ist nur für den zuständigen Entwickler bei Microsoft relevant.

Dieses Beispiel läßt sich beliebig ausdehnen, auf Textverarbeitungen ebenso wie auf Compiler und Datenbanken. Zwei Prinzipien stehen hinter dieser Sicht von Software:

- Code und Daten werden von uns als Einheit gesehen. Wir starten nicht die `sort()`-Funktion, nachdem wir für Ein-

und Ausgangspuffer ausreichend Speicher besorgt und den Input in den Eingangsbereich kopiert haben, sondern wir rufen einfach das Programm `sort` auf. Die objektorientierte Sicht kennt keine Funktionen und Variablen mehr, sondern nur noch Objektinstanzen, die beides in sich vereinen.

- Interne Funktionen und die interne Datenhaltung werden *gekapselt.* Wir haben keine Möglichkeit, den Sortieralgorithmus zu inspizieren oder die Verwendung lokaler Variablen zu kontrollieren — schließlich geht das uns nichts an. Wichtig für uns ist: Das Programm hat eine wohldefinierte Schnittstelle, die wir mit Eingangsdaten füttern und von der wir die Ausgangsdaten erhalten.

Ein Objekt stellt sich nach außen demnach als „Black Box" dar, die nur über bestimmte Schnittstellen aktiviert werden kann. Um seine Aufgabe zu erfüllen, benötigt ein Objekt Variablen, die — anders als in konventionellen Programmen — von der Klasse versteckt werden (Abbildung 2.1).

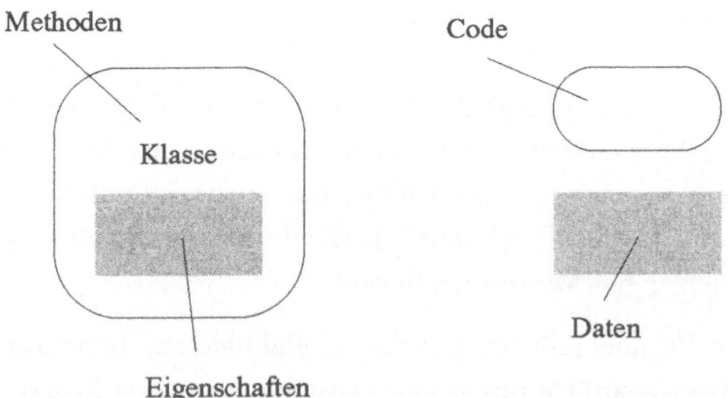

Abbildung 2.1: Klassen vs. Konventioneller Programmierung

Die Schnittstellen der Klasse nach außen besorgen spezielle Funktionen, die als *Methoden* bezeichnet werden. Neben den nach außen sichtbaren Methoden kann es weitere, interne Methoden geben, die der Klasse nur als private Hilfsroutinen dienen. Die Daten, die in einer Klasse gespeichert sind, heißen *Eigenschaften* der Klasse.

Zur Objektorientierten Programmierung (OOP) gehört noch mehr. Auf der DOS–Ebene ist es ganz gleich, ob wir `sort` oder `fsort`, ein Programm zum Sortieren nach Zahlwerten, aufrufen. Die verschiedenen Programme behandelt `command.com` völlig gleich: Sie werden in den Speicher geladen und ausgeführt. Dabei erfährt das Betriebssystem erst durch die Benutzereingabe (also zur Laufzeit), welcher Code gewünscht wird. In einem C–Programm ist das anders: Der Aufruf einzelner Funktionen wird zur Übersetzungszeit im Programm verankert. Die unterschiedliche Behandlung verschiedener Objekte muß vom Benutzer dieser Objekte bei der Codierung erfolgen, indem er die eine oder die andere Funktion aufruft. Der Kommandointerpreter von DOS überläßt hingegen die unterschiedliche Bearbeitung der Daten der geladenen Software, die für ihn nur eins ist: Code. Das Gleichbehandeln unterschiedlicher Objekte heißt in der Welt der OOP *Polymorphie.*

Ein dritter Aspekt ist die Wiederverwertbarkeit von Programmroutinen. Stellen sie sich vor, sie hätten eine Library zum Verwalten einer Datenbank gekauft. Nach einiger Zeit stellt sich heraus, daß einige Funktionen erweitert werden müßten, da die Library nur auf Festplatten, nicht aber mit Netzwerken arbeitet. Sofern Sie keinen Sourcecode besitzen, hilft nur eins: das Neuschreiben der Library, da der Aufruf der alten Zugriffsroutinen durch die anderen Bibliotheksfunktionen nicht verhindert werden kann. Wäre die Library objektorientiert implementiert worden, könnten die unteren Schichten oder jede andere Funktion beliebig ausgetauscht werden: *Vererbung* heißt das Stichwort.

Im weiteren Verlauf des Kapitels werden wir die Details und die Anwendung des Klassenkonzepts genauer kennenlernen. Zunächst ist jedoch eine Klärung der verschiedenen Begriffe nötig:

- *Objekt* wird als allgemeiner Oberbegriff eingesetzt;
- unter *Klasse* oder *Objekttyp* verstehen wir die Definition eines Objektes;
- eine *Instanz* ist die Deklaration einer Klasse, also deren konkrete Ausprägung.

Eine Klasse stellt ein Compiler–Konstrukt dar, das zur exakten Formulierung der Objektelemente dient, während zur Laufzeit nur auf Instanzen zugegriffen wird.

2.2.2 Programmierung von Klassen

Definition und Implementierung

In C++ werden Klassen durch das Schlüsselwort `class` ähnlich wie Strukturen definiert:

```
// ioport ist der Name der Klasse
class ioport
{
public:
    char adrs;                    // eine Eigenschaft
    void send     (char);         // eine Methode
    char recv     (void);         // eine andere Methode
    void transmit (char []);      // noch eine Methode
};
```

`adrs` ist eine Eigenschaft der Klasse, während `send()`, `recv()` und `transmit()` drei Methoden bilden. Das Schlüsselwort `public` beschreibt die Zugriffsrechte auf die Methoden und Eigenschaften und wird im Abschnitt über die Kapselung (Seite 40) genauer erklärt.

Der Code der Methoden muß natürlich implementiert werden, damit die Klasse komplett wird. Dies geschieht wie bei normalen C–Funktionen, wobei der Bezeichner einen Bezug zu der entsprechenden Klassendefinition herstellt (durch den Namen der Klasse, gefolgt vom Operator `::` und dem Bezeichner der Methode):

```
char ioport::send (char byte) // Klassenname::Methode
{
    outp(adrs, byte);
}

void ioport::recv ()
{
    return inp(adrs);
}

void ioport::transmit (char puffer[])
{
    int a=0;
    while (puffer[a]!=0)
        send (puffer[a++]);
    a=0;
    do
        puffer[a]=recv();
    while (puffer[a++]!=0);
}
```

Anlegen von Instanzen

Um mit der Klasse arbeiten zu können, ist neben ihrer Definition und Implementierung eine Instanz nötig. Bislang haben wir nur vereinbart, wie die Objektmethoden die Daten verarbeiten sollen; damit das Objekt aktiv werden kann, muß Speicherplatz reserviert und ein Bezeichner vereinbart werden. Dies geschieht so, als sei die Klasse ein normaler Datentyp:

```
ioport Com;
```

Das Statement deklariert eine Instanz mit Namen `Com` der Klasse `ioport`. Wir können die Klasse benutzen, indem wir ihre Methoden aufrufen, als griffen wir auf Elemente eine Struktur zu:

```
strcpy (string, "Hallo, Leute!");
Com.transmit (string);
```

Genauso ist es möglich, dynamische Instanzen mit dem `new`-Operator anzulegen:

```
ioport *Com2;

Com2 = new ioport;
```

Der Aufruf der Objektmethoden erfolgt analog mit

```
strcpy (string, "Hallo, Leute!");
Com2->transmit (string);
```

Konstruktor und Destruktor

Unsere Klasse hat einen Schönheitsfehler: Die Eigenschaft `adrs`, die beim Schreiben auf den Interfacebaustein dessen I/O-Adresse widerspiegelt, wird nirgends initialisiert! Damit die Klasse eine Möglichkeit erhält, ihre Eigenschaften vorzubelegen oder andere Startaktionen durchzuführen, gibt es eine spezielle Methode, den Konstruktor. Diese Klassenfunktion hat kein Ergebnis, besitzt den gleichen Namen wie die Klasse selbst und wird bei der Erzeugung der Klasse automatisch aufgerufen:

```
class ioport
{
    ...
    ioport (int);
};
```

Es ist legal und durchaus sinnvoll, dem Konstruktor Parameter zu übergeben. In unserem Beispiel wird als Parameter die Adresse des zu bedienenden I/O-Ports erwartet. Die Implementierung erfolgt wie bei einer normalen Methode:

```
ioport::ioport (int p)
        :adrs(p)
{
    ...
}
```

Die Eigenschaften werden noch vor dem Funktionsrumpf initialisiert; der Körper des Konstruktors kann weitere Initialisierungen, wie zum Beispiel die Programmierung des Interfacebausteins, enthalten. Ebenso kann die Zuweisung an Eigenschaften der Instanz im Anweisungsteil erfolgen:

```
ioport::ioport (int p)
{
    if (p != 0x2F8)
```

```
    p = 0x3F8;
    adrs = p;
    outp (adrs, INIT_VALUE);
}
```

Die Parameter für den Konstruktor werden bei der Erzeugung in Klammern angegeben, also:

```
    ioport Com1 (0x3f8);
    ioport *Com2;

    Com2 = new ioport (0x2f8);
```

Wird ein Konstruktor ausschließlich mit Defaultparametern eingesetzt, können die Klammern vollständig entfallen:

```
class ioport
{
    ...
    ioport (int p=0x3F8);
};

void main()
{
    ioport *Com1, *Com2;

    Com2 = new ioport (0x2F8);
    Com1 = new ioport;    // default mit 0x3F8
    ...
}
```

Das Pendant zum Konstruktor bildet der Destruktor, eine Methode, die beim Entfernen einer Instanz aufgerufen wird und Aufräumarbeiten übernehmen kann. Fordert die Klasse zum Beispiel im Konstruktor mit `new` dynamisch Speicher an, wird sie ihn im Destruktor wieder freigegeben. Der Destruktor wird ähnlich vereinbart wie der Konstruktor; zur Unterscheidung wird seinem Bezeichner das Tilde–Zeichen vorangestellt:

```
class ioport
{
    ...
    ioport (int);     // Konstruktor
    ~ioport ();       // Destruktor
};

ioport::~ioport ()
{
    send (END_OF_CONNECTION);
}
```

Einem Destruktor können keine Parameter übergeben werden; er liefert kein Ergebnis.

Zugriff auf Eigenschaften durch Methoden

In den obigen Beispielen haben wir ohne weitere Erläuterungen auf Objekteigenschaften zugegriffen, als seien dies ganz normale Variablen. Dies ist durchaus korrekt, aber es gibt ein Problem: Wie kann eine Methode wissen, wo die Klasseneigenschaften im Speicher liegen, wenn das Objekt mehrfach instantiiert ist? Das Bild 2.2 illustriert dieses Problem. Werden mehrere Instanzen einer Klasse angelegt, allokiert die Runtime Library nur neuen Speicherplatz für die Eigenschaften jeder Instanz. Der Code bleibt hingegen für alle Instanzen gleich.

Die Lösung ergibt sich aus einem unsichtbaren Parameter **this**, der als Zeiger auf den Datenbereich der Klasse fungiert. Die Methode

```
void ioport::send (char byte)
{
    outp(adrs, byte);
}
```

ist, unsichtbar für den Programmierer, dasselbe wie

```
void ioport::send (char byte)
{
    outp( this -> adrs, byte);
}
```

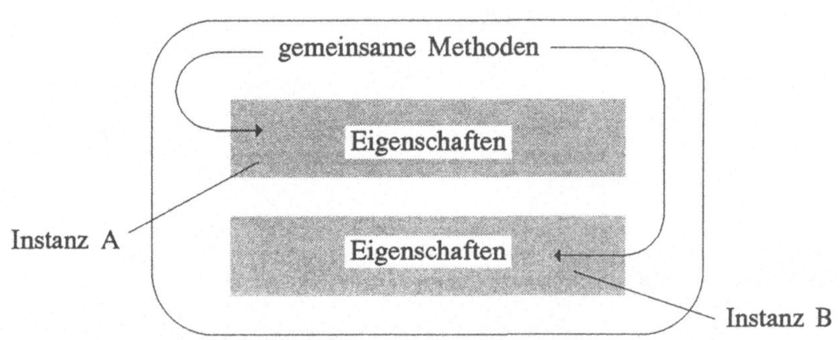

Abbildung 2.2: Mehrere Instanzen teilen sich die Methoden

Innerhalb der Methoden kann auf den **this**–Zeiger, sofern es notwendig ist, ganz normal zugegriffen werden, ohne daß der Bezeichner ausdrücklich vereinbart werden müßte. Dies ist für den Programmierer nützlich, wenn zum Beispiel eine Instanz ihre eigene Adresse an eine andere Software–Komponente übergeben soll.

2.2.3 Vererbung

Unsere Klasse zur Bedienung einer seriellen Schnittstelle soll nun erweitert werden. Natürlich wäre es ein einfaches, den Sourcecode zu nehmen und einige neue Methoden hinzuzufügen. C++ kennt jedoch eine elegantere Methode, um bestehende Klassen zu erweitern: die Vererbung.

Die neue Klasse `serial` soll nicht mehr nur einzelne Bytes auf den Port schreiben, sondern ein komplettes serielles Protokoll steuern. Dazu benötigt die Klasse neben einigen neuen Fähigkeiten alle Methoden, die schon in der Klasse `ioport` vorhanden waren. Diese „ist eine"-Beziehung — der serielle Protokolltreiber ist ein IO–Treiber — wird durch die Vererbung ausgedrückt.

Die Realisierung der Vererbung erfolgt durch das Hinzufügen des Bezeichners der „Vaterklasse" an den Namen der „Kindklasse":

```
class serial:public ioport
{
    ...
};
```

Durch `:public ioport` erhält die neue Klasse alle Eigenschaften und Methoden der bisherigen Klasse (das Schlüsselwort `public` hat eine sehr feinsinnige Bedeutung, deren Erklärung an dieser Stelle zu weit führen würde — wir können davon ausgehen, daß die Verwendung von `public` grundsätzlich nötig ist).

Die neue Klasse soll durch eine Synchronisationsmethode für das Schnittstellen–Handshake ergänzt werden:

```
class serial:public ioport
{
public:
```

```
    void sync (void);
};
```

Die Erweiterung erfolgt genau in der gleichen Weise wie die Definition einer neuen Klasse. Obwohl in der Klassendefinition nur eine Methode sichtbar ist, kann der Benutzer alle, auch die von ioport geerbten, Methoden aufrufen:

```
void main()
{
    serial Com1, Com2;
    Com1.sync();
    Com2.sync();
    Com1.send (Com2.recv());
    ...
}
```

ioport bildet also eine Teilmenge von serial. Der Code der Methoden wird dabei nicht in die neue Klasse kopiert, sondern direkt in der Vaterklasse aufgerufen.

Genauso, wie wir neue Methoden implementiert haben, können vorhandene Methoden überladen werden. Nehmen wir an, bei jedem Zeichen, das der Treiber sendet, wäre zuvor ein sync()-Aufruf notwendig. Die Erbenklasse von ioport würde dazu die Methode send() neu definieren:

```
class serial:public ioport
{
public:
    void sync (void);
    void send (char);
};
```

```
void ioport::send (char byte)
{
    sync();
    outp(adrs, byte);
}
```

Die ursprüngliche Version von `send()` ist damit überschrieben. Ruft ein Benutzer `send()` auf,

```
serial Modem;
Modem.send ('H');
```

so wird die neue, für die serielle Schnittstelle entwickelte Version benutzt.

Zeichenketten können deshalb noch lange nicht zum Modem geschickt werden. Würden wir den Aufruf

```
serial Modem;
strcpy (string, "Hallo, Leute!");
Modem.transmit (string);
```

implementieren, gäbe es eine böse Überraschung: Die Zeichen würden nach wie vor *ohne* Aufruf von `sync()` ausgegeben werden — trotz der neuen `send()`-Methode!

Des Rätsels Lösung ist leicht zu verstehen, betrachtet man den Assemblercode von `transmit()`:

```
; send (puffer[zaehler]);
    mov     al,puffer[bx]
    push    ax
    push    si
    call    send
```

Nach der Parameterübergabe durch PUSH (SI enthält den Zeiger this) codierte der Compiler einen CALL-Befehl mit einer festen, absoluten Adresse, die sich nur durch die Neudefinierung der send()-Methode natürlich nicht ändert. Um trotzdem auch transmit() in den Genuß der parallelen Ausgabe zu bringen, ist die Deklaration von send() als *virtuelle Methode* nötig. Dazu ändern wir die bestehende Klasse ioport ab in:

```
class ioport
{
public:
    char adrs;

    virtual void send (char);
    virtual char recv (void);
    void transmit     (char []);
};
```

Vor dem Ergebnistyp der Methode send() befindet sich nun das Schlüsselwort virtual. Es weist den Compiler an, einen Aufruf von send() nicht mehr hart zu codieren, sondern indirekt über eine Tabelle zu verzweigen. Der Compiler kann bei der Übersetzung des send()-Aufrufs nicht wissen, an welche Adresse der CALL-Befehl führen müßte, da dies für jeden Erben unterschiedlich sein kann, sofern er eine neue send()-Methode vereinbart. Grafik 2.3 zeigt den Mechanismus.

Die *virtual method table* (VMT) wird vom Konstruktor automatisch und unsichtbar beim Anlegen der Instanz erzeugt. Sie enthält die Adressen aller virtuellen Methoden einer Klasse, wobei jeder Methode ein fester Offset in der Tabelle zugeordnet ist. Beim Start einer virtuellen Methode entnimmt der Aufrufer die Sprungadresse nicht aus dem Programmcode, sondern aus dem entsprechenden Ta-

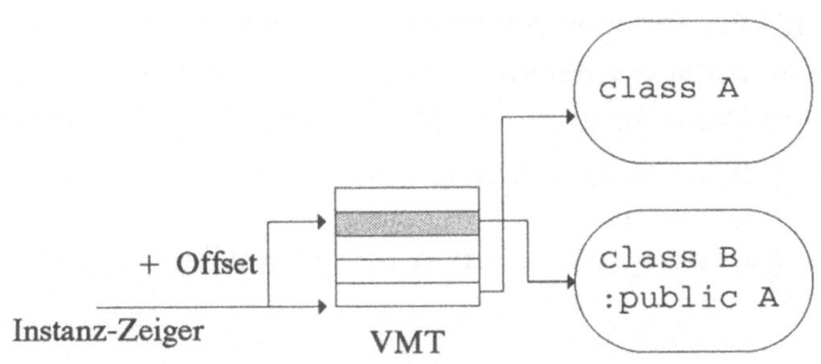

Abbildung 2.3: Späte Bindung mit virtuellen Methoden

belleneintrag. Da die Verbindung von Sprungbefehl und Zieladresse erst zur Laufzeit für jede Instanz einzeln hergestellt wird, spricht man von *später Bindung*, im Gegensatz zur frühen Bindung, die Compiler und Linker konstruieren. Der Assemblercode spiegelt dies exakt wieder:

```
mov     al,puffer[bx]
push    ax
push    si
mov     bx,si
call    WORD PTR [bx]
```

Unverändert werden zunächst die Register auf den Stack übertragen. Beim Aufruf der Methode `send()` referenziert nun jedoch das SI–Register, das den Zeiger `this` enthält, den Offset der Funktionsadresse in der VMT. Der indirekte Sprung in der letzten Zeile benutzt diesen Eintrag als Zielangabe.

Die Folge für unseren Treiber: Obwohl die Funktion `transmit()` nicht angetastet wurde, benutzt sie doch die jeweils gültige Version von `send()`.

Eine erweiterte Möglichkeit, Objekte aus vorhandenen Elementen zusammenzubauen, ist die Mehrfachvererbung. Manchmal kann es

Klassen geben, die eine mehrfache „ist eine"–Beziehung zu übergeordneten Objekten haben. Eine Schreibtischlampe ist sowohl ein elektrisches Gerät als auch eine Lichtquelle. C++ unterstützt dieses Konzept durch eine Anweisung:

```
class irgendwas:public vater1, vater2 [, ...]
```

Die neue Klasse `irgendwas` erbt damit alle Eigenschaften und Methoden der Klassen `vater1` und `vater2`.

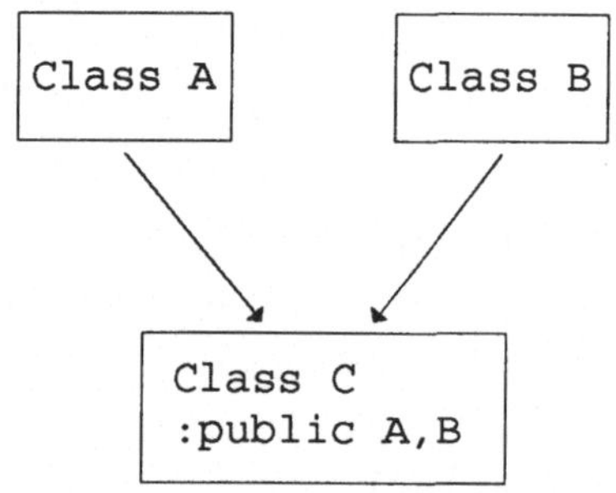

Abbildung 2.4: Mehrfachvererbung

Das Konzept ist aber nicht frei von Tücken. Enthalten zwei Vaterklassen Funktionen mit gleichem Bezeichner, ist unter Umständen eine exaktere Qualifizierung der gewünschten Methode notwendig, indem angegeben wird, welche Methode aus welcher Klasse gemeint ist. Auch wird die Übersichtlichkeit solcher Klassen meist getrübt. Soweit möglich, sollte auf die Mehrfachvererbung verzichtet werden (eine der wenigen sinnvollen Anwendungen findet sich im Beispiel zu Client/Server–Modellen im vierten Kapitel).

2.2.4 Kapselung

Die Klassen haben wir bislang mit dem Schlüsselwort `public` eingeleitet, ohne weitere Gedanken darüber zu verlieren:

```
class irgendwas
{
public:
    ...
```

Dieses Statement beschreibt die Art und Weise, wie auf die folgenden Komponenten der Klasse, also die danach notierten Methoden und Eigenschaften, zugegriffen werden kann. Die Anweisung stellt eine Information für den Compiler dar, wie er Methodenaufrufe oder das Lesen und Schreiben von Eigenschaften durch andere Systemkomponenten bewerten soll. C++ bietet die Möglichkeit, die Verwendung von Bestandteilen eines Objektes zu reglementieren. Dieses Werkzeug dient vor allem dazu, Hilfsfunktionen und Eigenschaften des Objektes vor der Außenwelt zu verbergen. Damit kann sichergestellt werden, daß

- Eigenschaften nicht unkontrolliert, sondern nur durch Objektmethoden gelesen und beschrieben werden dürfen;
- Methoden, die nur als interne Hilfsfunktionen dienen, nicht von außen genutzt werden können.

Es gibt drei verschiedene Zugriffsqualifizierer:

public: der Zugriff wird allen Komponenten erlaubt. Sowohl eigene Methoden des Objektes oder seiner Erben, als auch andere, außenstehende Funktionen dürfen auf die public–Bezeichner zugreifen. Es findet keine Kapselung statt, wie Abbildung 2.5 zeigt.

Mit `public` werden alle Methoden eines Objektes deklariert, die als Schnittstelle nach außen dienen sollen. In der Beispielsklasse `ioport` ist es sinnvoll, `transmit()` mit `public` zu deklarieren, da diese Methode die nach außen sichtbare Funktionalität der Klasse

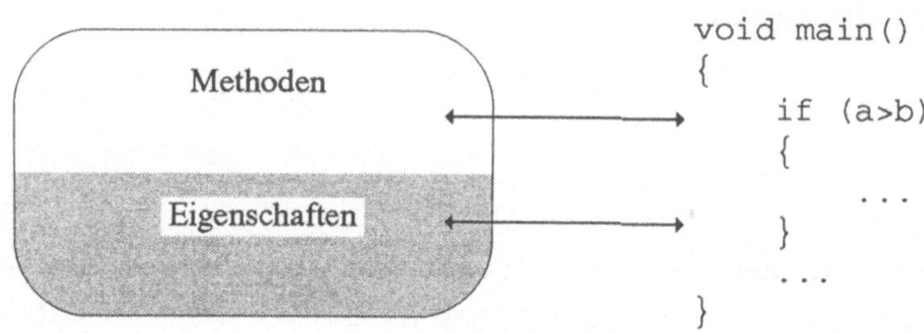

Abbildung 2.5: Public–Elemente eines Objektes

darstellt. Es ist jedoch unsinnig, die Eigenschaften, also **adrs**, für jeden zugänglich zu lassen. Niemand könnte einen Benutzer hindern, als Bausteinadresse einen völlig abwegigen Wert anzugegeben!

Als Faustregel gilt im Sinne des *information hiding*, daß Eigenschaften grundsätzlich nicht sichtbar sein sollten. Möchte der Anwender zum Beispiel die Bausteinadresse ändern, ist es besser, eine Methode **set_adrs()** zu implementieren, als **adrs** mit dem Attribut **public** zu versehen. Nur so ist garantiert, daß Objektmethoden immer sinnvolle Werte enthalten. Zudem kann es möglich sein, daß das Verändern einer Objekteigenschaft weitere Aktionen (Programmieren des Kommunikationschips) nach sich ziehen muß.

private: Auf **private**–Elemente eines Objektes können nur Methoden des Objektes selbst zugreifen. Werden alle Eigenschaften einer Klasse mit **private** deklariert, ist das information hiding, als die Kapselung von Daten in die Zugriffsmethoden, vollzogen.

Auch für Methoden kann die **private**–Deklaration sinnvoll sein. Soll **ioport** nur das Übertragen einer Zeichenkette erlauben, ist es durchaus vernünftig, **send()** und **recv()** als private Elemente der Klasse festzulegen. Alles, was vor Benutzern der Klasse verborgen werden soll, wird mit **private** deklariert.

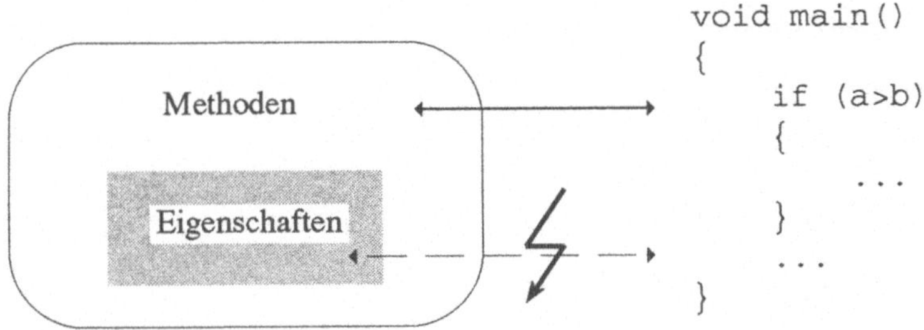

Abbildung 2.6: Kapselung durch private–Deklaration

Abgeleitete Klassen haben dabei keinerlei Privilegien gegenüber völlig außenstehenden Funktionen. Oft kann es jedoch notwendig sein, späteren Erben einer Klasse gesonderte Zugriffsrechte zu gewähren. Für derartige Fälle gibt es die dritte Variante.

protected: Methoden und Eigenschaften, die mit `protected` deklariert sind, werden nach außen ebenso wie `private`–Elemente verborgen. Erben der Klasse können jedoch auf diese Bestandteile zugreifen, als seien sie `public`.

Das `protected`–Attribut wird vor allem Hilfsmethoden verliehen, die von späteren Nachfahren der Klasse benötigt werden könnten.

Unsere Klasse `ioport` kann nun viel differenzierter aufgebaut werden:

```
class ioport
{
// Die Schnittstelle nach aussen:
public:
    void transmit (char []);
         ioport   (int p=0x3F8);
```

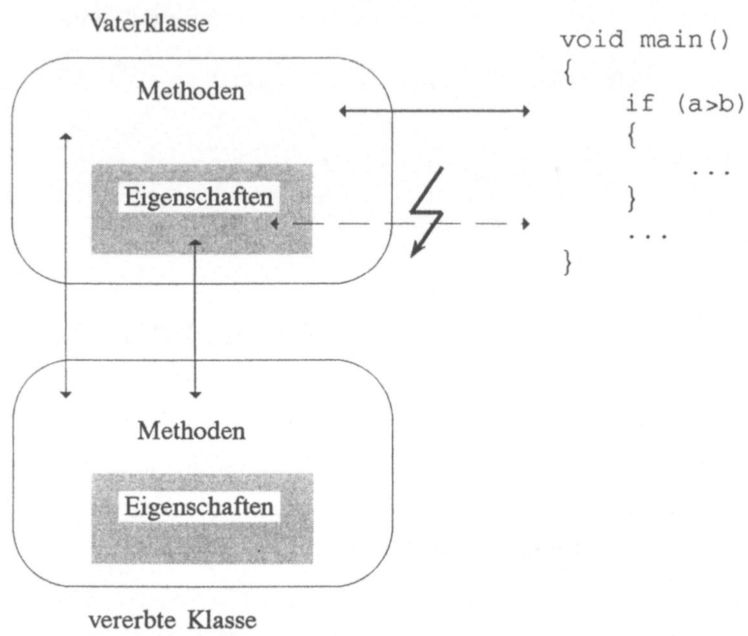

Abbildung 2.7: Zugriff auf protected–Elemente

```
// Hilfsfunktionen, die ein Erbe brauchen koennte:
protected:
    char recv     (void);
    void send     (char);

// Informationen, die niemanden etwas angehen:
private:
    char adrs;
};
```

`transmit()` ist die offizielle Schnittstelle der Klasse nach außen. Ebenso wie der Konstruktor kann die Methode von jeder Funktion oder Methode außerhalb oder innerhalb der Klasse aufgerufen werden. `send()` und `recv()` sind interne Methoden, die zur Vereinfachung aus `transmit()` ausgegliedert wurden. Möglicherweise freuen sich jedoch Erben der Klasse, wenn sie nicht nur Strings, sondern auch einzelne Zeichen (zum Beispiel zur Realisierung eines aufwendigen Kommunikationsprotokolls) senden und empfangen können. `send()` und `recv()` sind deshalb `protected`. Die Portadresse ist eine Information, die gut verborgen werden muß, um eine korrekte Arbeitsweise der Klasse zu gewährleisten. Der Zugriff ist deshalb nur Mitgliedern der Klasse `ioport` selbst gestattet. Möglicherweise wäre es sinnvoll, weitere Methoden zum Setzen und Lesen der Werte zu implementieren.

Mit den Zugriffsattributen lassen sich Objekte und deren Bestandteile sehr fein gegen Mißbrauch von außen schützen. Trotzdem sind die drei Attribute `public`, `private` und `protected` in einigen Fällen noch immer zu grob. So könnte es in einem System eine zentrale Fehlerroutine `fault_handler()` geben, die beim Herunterfahren des Rechners aufgrund eines schweren Fehlers ein Abbruchsignal auf die Schnittstelle gibt. Die Funktion könnte dies am besten über die Methode `send()` aus der Klasse `ioport`, doch wir haben den Zugriff auf diese Funktion gesperrt. Mit den bislang kennengelernten Werkzeugen könnten wir zwar `send()` als `public` deklarieren. Doch dann könnte wieder jede beliebige Komponente des Systems auf `send()` zugreifen, was wir eigentlich vermeiden wollten.

Die Lösung bietet das Schlüsselwort `friend`. Innerhalb einer Klasse können „Freunde“ der Klasse definiert werden, die uneingeschränkt Zugriff auf alle Elemente der Klasse besitzen, so, als hätten wir ihnen einen Nachschlüssel für das wohlversperrte Objekt gegeben (Bild 2.8).

Um für `fault_handler()` die restriktiven Zugriffsrechte zu lockern, wird innerhalb der Klasse das `friend`-Attribut eingesetzt:

```
class ioport
{
    ...
friend:
    void fault_handler ();
}
```

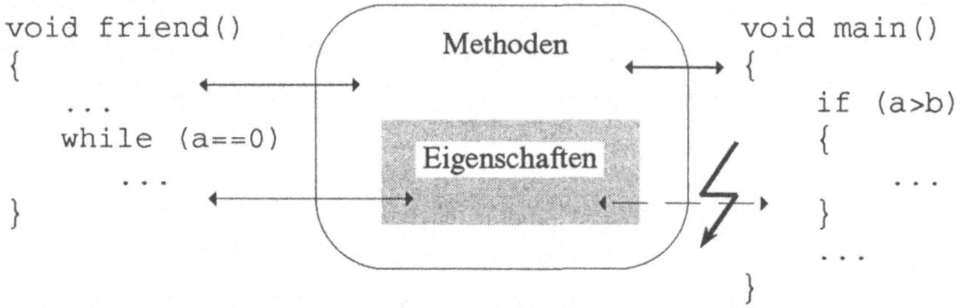

Abbildung 2.8: Zugriff durch friend–Funktionen

`fault_handler()` hat nun alle Rechte bei der Verwendung von Methoden und Eigenschaften der Klasse `ioport`, so, als sei die Fehlerfunktion selbst Element der Klasse:

```
ioport com1;

void fault_handler()
{
    com1.send ('!');
}

void main()
{
// Wird vom Compiler nicht erlaubt:
    com1.send ('?');
}
```

Neben einzelnen Funktionen können auch komplette Klassen zu „Freunden" ernannt werden.

2.2.5 Polymorphie

Unter Polymorphie (gr. „Vielgestaltig") versteht man die Fähigkeit von Klassen, sich als Vertreter verschiedener Datentypen darzustellen. Durch die polymorphen Eigenschaften von C++-Klassen können mehrere verschiedene Objekte unter einem abstrakten Überbegriff zusammen gefasst werden. Sollen zum Beispiel eine Reihe verschiedener Geräte, wie ein Modem oder ein Drucker, durch je eine Klasse dargestellt werden, ist es beim Zugriff völlig unerheblich, wie das Verarbeiten der Daten im einzelnen erfolgen muß. Vielmehr ist eine einheitliche Schnittstelle gefordert, damit alle Geräte unter den gleichen Methodenaufrufen erreichbar sind. Überträgt man die Regeln für C auf die Objektdefinition von C++, könnte bestenfalls die Definition der `public`-Methoden gleich ausgelegt werden.

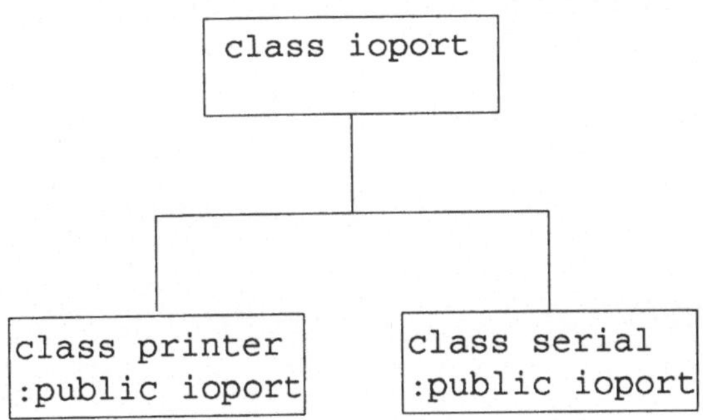

Abbildung 2.9: Klassenhierarchie für polymorphe Gerätetreiber

In C++ ist es damit nicht getan. Anstatt für jedes Gerät einen speziellen Zeigertyp auf dessen Objektinstanz definieren zu müssen, können die gleichen Zeiger auf verschiedene Objektklassen eingesetzt werden. Notwendig ist dazu die Definition einer übergeordneten Klasse, die die Schnittstellenfunktionen enthält. Von dieser Klasse werden alle Geräteobjekte abgeleitet. Die Möglichkeit, Methoden als `virtual` zu deklarieren, erlaubt eine individuelle Ausprägung der verschiedenen Klassen. Zur Speicherung der Referenzen auf die Klassen können Zeiger auf die Vaterklasse verwendet werden.

In Bild 2.9 ist zunächst die notwendige Klassenhierarchie dargestellt. Eine Anwendung soll *eines* der Geräte zur Laufzeit auswählen und über einen globalen Instanzzeiger ansprechen. Dank der Polymorphie kann dies sehr elegant erfolgen:

```
ioport *act_device;

void verwendung()
{
    ...
// Zugriff unabhaengig von der referenzierten
// Klasse moeglich
    act_device->transmit(string);
    ...
}

void auswahl()
{
    ...
    switch (welches_geraet)
    {
        case SERIAL:  act_device = new serial;
                      break;
        case PRINTER: act_device = new printer;
```

```
                          break;
            default:      act_device = new ioport;
        }
        ...
}
```

Die Funktion `auswahl()` initialisiert den globalen Zeiger auf eine `ioport`–Instanz, `act_device`, mit verschiedenen Werten: je nachdem, welches Statement im `switch`–Block durchlaufen wird, zeigt `act_device` auf Instanzen verschiedener Klassentypen. Die Funktion `verwendung()` kann die Instanz nun ganz allgemein als `ioport` ansprechen; der Zugriff auf die Klasse ist abstrahiert.

Bei der Verwendung der Polymorphie sind zwei Punkte entscheidend:

- Um verschiedene Klassen verallgemeinert zu verwenden, muß eine Vaterklasse definiert werden, von der alle anderen Klassen abgeleitet sind.
- Wird auf eine Klasse mit einem Bezeichner eines allgemeineren Typs referenziert, können nur diejenigen Klassenelemente aufgerufen werden, die in der Vaterklasse definiert sind. Die `public`–Schnittstelle muß folglich vollständig in der übergeordneten Klasse definiert sein. Die Methoden der Vaterklasse sind oft mit leeren Funktionsrümpfen implementiert, da sie nur aus syntaktischen Gründen vorhanden sind.

Die Anwendungen der Polymorphie, so verwirrend die Technik auch für C++–Neulinge sein mag, ist sehr vielfältig und erlaubt überaus elegante Lösungen. Im dritten Kapitel des Buches werden wir dank der Polymorphie verschiedene parallele Programmteile, die völlig unterschiedlich implementiert sind, über einen übergeordneten Klassentyp völlig allgemein verwalten. Ebenso ist es zum

Beispiel in einem Simulationsprogramm für Regelkreise möglich, die unterschiedlichen Übertragungsfunktionen der Regler gleich zu behandeln. Die Kombination verschiedener Elemente zu einer komplexen Berechnungsformel kann ohne größere Klimmzüge zur Laufzeit erfolgen.

2.2.6 Objektbeziehungen

Wie bei jeder anderen Programmiermethode auch gibt es einen guten und einen schlechten objektorientierten Entwicklungsstil. Ein C++-Programm wäre wenig gelungen, würden wir nur einige konventionelle Routinen auf die Objektinstanzen verwenden, ohne die Objekte miteinander in Beziehung zu bringen:

```
void schlechtes_beispiel ()
{
    Class_A instanz0, instanz1;
    Class_B *instanz3;

    instanz0.tue_etwas ();
    if (instanz1.ist_etwas () == JA)
        instanz3 = new Class_B;
    ...
}
```

Im obigen, kleinen Codebeispiel werden die Objekte wie *Module* in strukturierten Sprachen verwendet (die Klassen erzeugen selbst keine weiteren Instanzen). Die Kapselung dient zur Verschmiedung von Code und Daten; möglicherweise werden auch Vererbung und Polymorphie eingesetzt. Doch die OOP will mehr: Ein gutes, objektorientiertes Programm wird die Objekte miteinander verbinden, um so Beziehungen zwischen verschiedenen Instanzen auf- und zu einem wahren Objektgeflecht auszubauen. Eine mögliche Form dieser

Bezüge kennen wir bereits: die Vererbung. Insgesamt gibt es drei verschiedene Arten von Zusammenhängen zwischen Objekten:

- Aggregation: Eine Klasse definiert in ihren Eigenschaften Instanzen anderer Objekte und setzt sich so aus einer Anzahl verschiedener, anderer Klassen zusammen. Die Aggregation wird immer dann eingesetzt, wenn sich eine „besteht aus"–Beziehung zwischen Objekten finden läßt.

- Assoziation: Eine Klasse definiert in ihren Eigenschaften Referenzen oder Zeiger auf Instanzen anderer oder der gleichen Objekttypen, die nicht von der betrachteten Klasse selbst erzeugt werden. Gängig ist zum Beispiel die Vereinbarung eines Zeigers in den Eigenschaften, der mit einem Konstruktor–Parameter initialisiert wird. Als Denkmodell für die Assoziation dient die „arbeitet mit"–Beziehung. Der Anteil von assoziativen Objektreferenzen kann als ein Gradmesser für die Qualität eines objektorientierten Entwurfs gelten.

- Vererbung: Da diese Beziehungsform als einzige Methode eine Erweiterung des Sprachumfangs bedingt, wurde sie bereits bei den C++–Elementen vorgestellt. Zur Wiederholung: die Vererbung wird zum einen benutzt, um den bestehenden Code weiterzuverwenden, zum anderen, um einen „ist eine"–Zusammenhang darzustellen.

Der abgedruckte Ausschnitt aus einem kleinen C++–Programm zeigt den Einsatz der verschiedenen Beziehungsformen:

```
// Assoziation
class physDrv
{
    ioport *chip;
```

```
    physDrv(ioport *ch);
    ...
};

// Aufbau der Assoziation zur Laufzeit
physDrv::physDrv (ioport *ch)
        :chip(ch)
{}

// Aggregration: "Besteht aus"
class Treiber
{
    physDrv HWinterface;
    ...
};

// Vererbung
class TCP:public Treiber
{
    ...
};
```

Zum erfolgreichen Einsatz der objektorientierten Programmierung ist neben einer entsprechenden Sprache (wie C++) die Entwicklung passender Software–Entwicklungsmethoden notwendig. Es genügt nicht, objektorientierte Programme mit konventionellem Design zu entwerfen. Objektorientierte Programmierung erfordert vielmehr ein neues Denken, da sie eine neue Philosophie der Software–Erstellung darstellt. Dieses moderne Verständnis muß sich nicht zuletzt bei den Hilfsmitteln niederschlagen.

2.3 Ein formelles Hilfsmittel

Um die Art der einzelnen Objektbeziehungen darzustellen, gibt es einige verschiedene Notationsformen. Die in diesem Buch verwendete Form orientiert sich an der *object modelling technique* von Rumbaugh ([17]). Dessen Methode versteht sich jedoch nicht nur als Mittel zur grafischen Veranschaulichung, sondern als kompletter Entwurfsprozeß, auf den jedoch nicht weiter eingegangen werden soll. Vielmehr sollen hier nur diejenigen Elemente vorgestellt werden, die in den späteren Objektmodellen Verwendung finden.

Ein Objekt wird in Rumbaughs Methode durch ein abgerundetes Rechteck dargestellt:

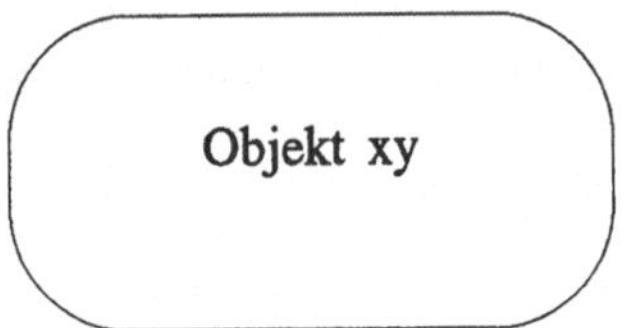

Dieses Symbol wird immer dann verwendet, wenn ein Objekt noch nicht als Instanz einer Klasse identifiziert ist. Dies kommt häufig bei Beginn eines Entwicklungsprozesses vor, wenn zunächst nur gesammelt wird, welche Objekte überhaupt existieren.

Erst im zweiten Schritt erfolgt die Zuordnung zu Klassen. Sie werden als Viereck, jedoch ohne abgerundete Ecken, gezeichnet:

Klasse [name]
Eigenschaften
Methoden

Die Notation sieht eine (optionale) Dreiteilung des Klassensymbols vor. Im ersten Teil wird der Name vermerkt, im mittleren die Methoden, und im dritten Abschnitt finden sich die Eigenschaften der Klasse. Es genügt an dieser Stelle, die Elemente der Klasse zu *bezeichnen*; eine genaue Typauswahl muß noch nicht erfolgen.

Beziehungen zwischen Klassen werden durch Linien dargestellt, die die Klassensymbole miteinander verbinden. Die Vererbung wird wie im Beispiel gezeichnet:

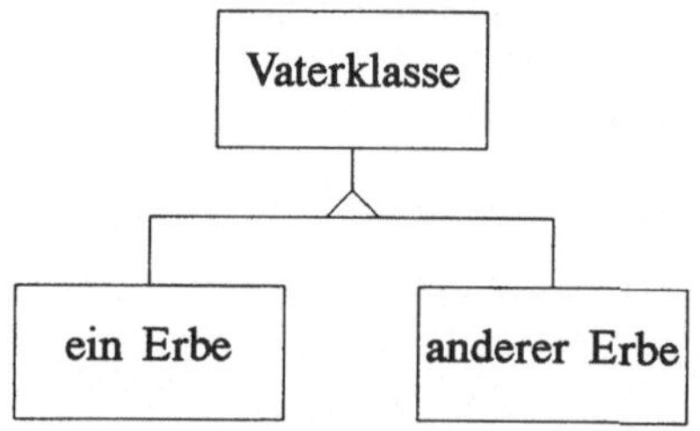

Zur Darstellung der Assoziation wird ebenfalls eine Linie verwendet. Zusätzlich ist hier eine Angabe der Entität möglich. Rumbaugh definiert mehrere Möglichkeiten (Abbildung 2.10).

Möchte man zum Beispiel ausdrücken, die Klasse `physDrv` arbeite mit einer Instanz der Klasse `ioport`, verwendet man das Modell in Abbildung 2.11.

Die äquivalente Beschreibung in C++ können wir durch die Definition zweier Klassen und ihrer Verkettung durch die Verwendung von Referenzen in den Klasseneigenschaften erstellen, wie auch im Abschnitt 2.2.6 gezeigt wird.

```
// Assoziation
class physDrv
{
    ioport &chip;
```

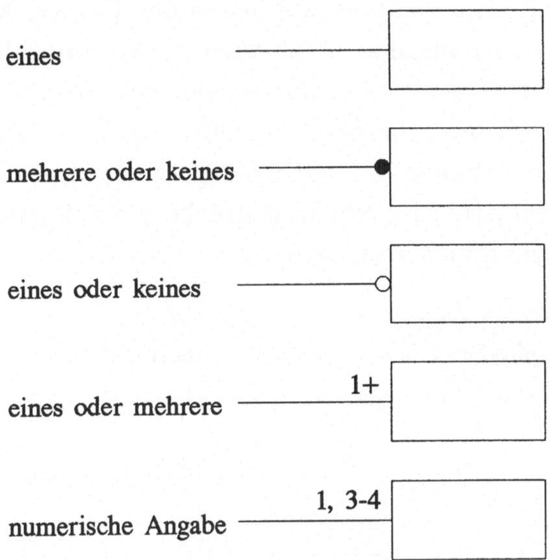

Abbildung 2.10: Entitätsausdrücke bei Assoziationen

```
    physDrv(ioport &ch);
    ...
};

physDrv::physDrv (ioport &ch)
        :chip(ch)
{}
```

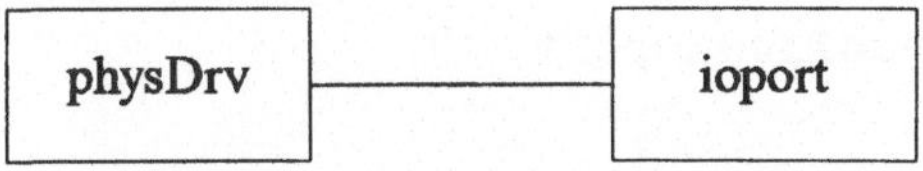

physDrv

ioport

Abbildung 2.11: Beispiel für Assoziation

Im Konstruktor wird die Referenz auf die `ioport`–Instanz zur Laufzeit zugewiesen.

Die Vererbung kann nicht nur auf Seiten der Treiber, sondern auch bei den IO–Bausteine eingesetzt werden, wie in Abbildung 2.12 dargestellt. Der Treiber kann nun sowohl mit einem 8251 USART als auch mit einem Ethernet–Controller arbeiten. Durch die „ist eine"–Beziehung haben wir auch die polymorphen Eigenschaften der Klassenhierarchie `ioport` ausgedrückt, die sich natürlich in der C++–Umsetzung niederschlagen.

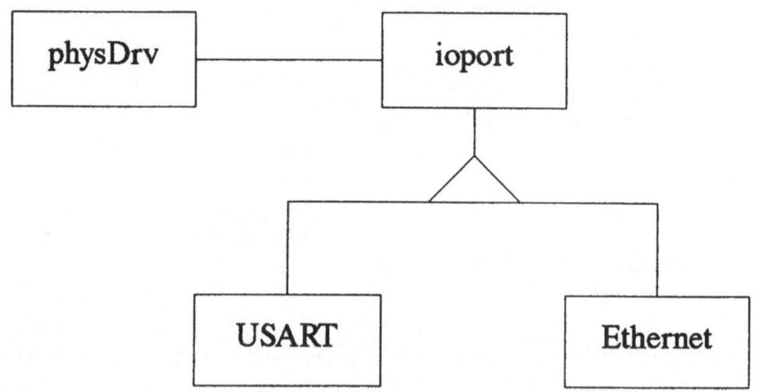

Abbildung 2.12: Beispiel für Assoziation und Vererbung

```
class ioport
{
    ...
};

class usart:public ioport
{
    ...
}

class ethernet:public ioport
{
```

```
    ...
}

void main()
{
    physDrv *network;
    ...
    switch (condition)
    {
        case ETHERNET:  network = new physDrv
                                       (*new ethernet);
                        break;
        case PEER2PEER: network = new physDrv
                                       (*new usart);
                        break;
        default:        network = new physDrv
                                       (*new ioport);
    }
    ...
    network->transmit (message);
}
```

Der Konstruktor von `physDrv` bleibt unverändert. Je nach Zustand von `condition` wird die Benutzung der Referenz `chip` einmal auf den Code von `ethernet`, ein andermal auf `usart` oder nur auf `ioport` verweisen. Die Bindung der Klassen an den Aufrufer erfolgt erst zur Laufzeit (späte Bindung).

Aggregationen werden im Modell mit einer Linie gezeichnet, die am Teilobjekt, also dem Objekt, das als Baustein für die übergeordnete Klasse dient, in einer Raute endet:

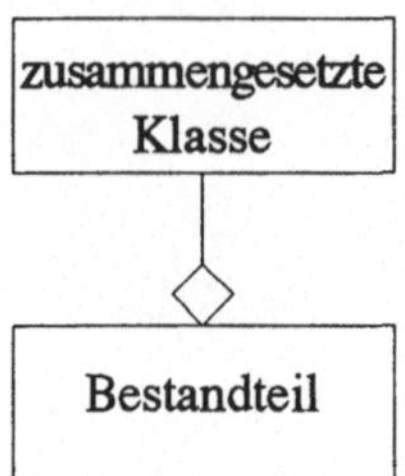

Erweitert man das obige Beispiel um den Aspekt, daß ein Treiber neben anderen Bestandteilen aus einem physikalischen Treiber aufgebaut ist, verfeinert sich das Objektmodell weiter (Abbildung 2.13).

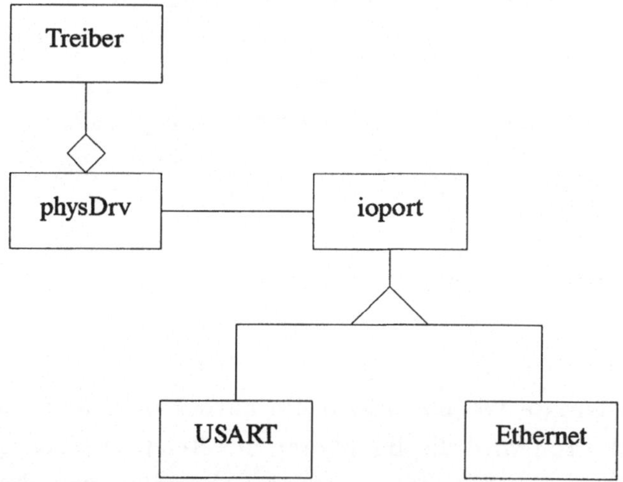

Abbildung 2.13: Aggregation, Assoziation und Vererbung

Die Änderung im C++-Code betrifft diesmal die Definition der Klasse `Treiber`:

```
class physDrv
{
```

```
    ...
};

class Treiber
{
    physDrv HWinterface;
};
```

2.4 Zusammenfassung

C ist bei Systemprogrammiern beliebt, da die Sprache eine hardwarenahe Softwareentwicklung erlaubt. Eine Verbesserung erfuhr C durch die Erfindung von C++, die die Sprache um objektorientierte Merkmale erweiterte.

Die wesentliche Neuerung durch C++ ist die Einführung des Klassenkonzeptes. Durch die Zusammenlegung von Code und Daten in Objekten ist eine allgemeinere Sicht der Programmkomponenten möglich, so wie wir sie intellektuell begreifen. Die dazu notwendigen Techniken sind

- Vererbung: Objekte können Eigenschaften und Methoden anderer Objekte übernehmen;
- Kapselung: der Programmier kann den Zugriff auf einzelne Klassenelemente gezielt unterbinden;
- Polymorphie: Klassen können sich als Instanzen verschiedener Objekttypen darstellen, damit eine abstrakte Verarbeitung möglich wird.

Die neuen Möglichkeiten von C++ erfordern auch neue Designmethoden. Es gibt jedoch keine Technik, die als der „Standard schlechthin" gelten könnte.

Kapitel 3

Prozesse und Threads

Betriebssysteme, die parallele Programme ermöglichen, erfordern besondere Strukturen zur Prozeßverwaltung. Im Kern ist ein Mechanismus zur Zuteilung und Entziehung der CPU notwendig, um mehrere Tasks im Wechsel auszuführen. Daneben ist eine Strategie zur Auswahl des Programmes, das als nächstes ausgeführt wird, unentbehrlich. Der Algorithmus soll verschiedene Anforderungen, wie deterministische Reaktionszeiten oder maximale Gerechtigkeit, erfüllen. In diesem Kapitel wird die Programmverwaltung im Detail untersucht; ferner entwickeln wir mehrere Realisierungen zur Prozeßauswahl mit unterschiedlichen Leistungsmerkmalen.

3.1 Was sind Prozesse?

Die Definition des Begriffs „Prozeß“ ist nicht einfach, da viele unterschiedliche Namen für ein und dasselbe in Verwendung sind. Gebräulich sind neben „Prozeß“ zum Beispiel „Task“ oder, ganz schlicht, „Programm“.

Ein Prozeß ist in unserem Sinne ein „Programm in Ausführung". Nach dem Editieren des *Sourcecodes* wird durch den Compiler– und Linker–Lauf ein *Objektfile* oder *Programm* erzeugt. Dieses Programm wird zum *Prozeß*, indem das Betriebssystem den Auftrag zur Ausführung des Programms erhält. Oberflächlich betrachtet, geschieht dies durch das Eintippen des Kommandos am Terminal; tatsächlich stecken mehrere typische System–Funktionsaufrufe dahinter.

Das Betriebssystem wird, je nach Implementierung, mehrere Dinge erledigen müssen, bis aus dem Programm ein Prozeß geworden ist. Zunächst wird es Platz im Hauptspeicher reservieren und den Programmcode von der Diskette in diesen Speicherbereich laden. Im zweiten Schritt erzeugt es einen *Prozeßkontext*: Diese Datenstruktur beschreibt alle Eigenschaften des Prozesses und ist so wichtig, daß wir ihr einen eigenen Abschnitt widmen wollen. Nach der Initialisierung des Prozesskontextes ist der Prozeß „ready to run" und kann ausgeführt werden, indem das Systemprogramm mit einer JMP– oder CALL-Direktive zur Startadresse des Prozesses verzweigt.

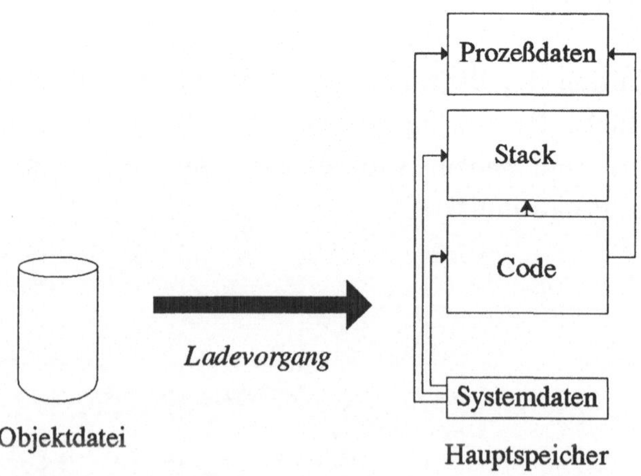

Abbildung 3.1: Vom Programm zum Prozeß

Bild 3.1 zeigt die Umwandlung eines Programms, das als Objektfile auf der Festplatte gespeichert ist, zum Prozeß im Speicher beim Laden durch das Betriebssystem. Neben dem Programmcode umfaßt der Prozeß auch Daten– und Stacksegmente sowie einen Speicherbereich für Systeminformationen.

Ist das Betriebssystem in der Lage, mehrere Prozesse nebeneinander zu verwalten, kann ein Programm unter Umständen sogar mehrfach als Prozeß ins System eingebracht werden. Der Code wird nur einmal in den Speicher geladen, doch der Prozeßkontext für jede Instanz erzeugt. Betriebssysteme, die die parallele Ausführung mehrerer Prozesse oder Tasks erlauben, heißen Multitasking–Systeme (Abbildung 3.2).

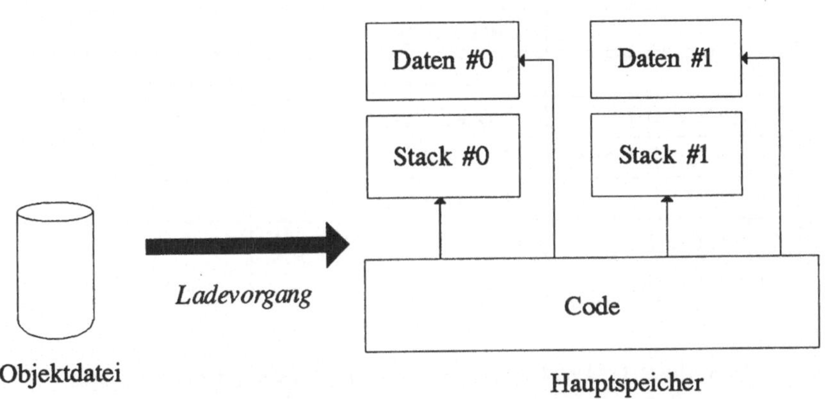

Abbildung 3.2: Mehrere Prozesse aus einem Programm

Das Terminieren eines Prozesses erfordert ebenfalls einen Systemaufruf. Hinter dieser Funktion steckt eine Routine, die das System in einen konsistenten Zustand bringt (z.B. durch Schließen aller offenen Dateien), danach den Prozeß aus den internen Tabellen entfernt und den durch ihn belegten Speicher freigibt.

Die Mechanismen beim Erzeugen bzw. Entfernen von Prozessen legen den Vergleich mit dynamischen Klasseninstanzen in C++ nahe. So bildet die Klasse nur ein Programm; um ihre Methoden aufzurufen, muß eine *Instanz* gebildet werden. Dies geschieht durch den Operator new (ein Systemaufruf an die Runtime Library des Compilers): Es wird Speicher für den Kontext der Klasse, also für ihre Variablen und für die Sprungtabellen ihrer virtuellen Methoden, reserviert, und an die Startadresse der Klasse – den Konstruktor – verzweigt. Es ist kein Problem, eine Klasse mehrfach zu instantiieren: Die new–Anweisung muß nur mehrfach durchlaufen werden. Mit dem entsprechenden delete–Statement wird die Instanz „beendet", indem sie aus dem Speicher entfernt wird.

	Betriebssysteme	C++
Code	Programm	Klasse
Code „in use"	Prozeß, Task	Instanz
Strukturelemente	Module, Funktionen	Methoden
Daten	Datensegment	Eigenschaften
Erzeugung	Execute–Systemcall	new–Statement
Initialisierung	Startup–Code	Konstruktor

Tabelle 3.1: Analogie zwischen Prozessen und Klassen

Tabelle 3.1 zeigt die Analogie zwischen Programmen aus Sicht des Betriebssystems und dem Klassenkonzept von C++.

3.1.1 Der Kontext eines Prozesses

Betrachten wir nun den Begriff des *Prozeßkontextes* genauer. Weiter oben haben wir den Kontext als eine Datenstruktur charakterisiert, die alle Daten eines Prozesses beschreibt. Welche Eigenschaften das im einzelnen sind, kann nicht allgemein beantwortet werden: Jedes System benötigt andere Informationen über einen Prozeß. Doch es gibt einige Elemente, die in jeder Implementierung vorhanden sind:

- Der sogenannte *Maschinenkontext* beschreibt den exakten Zustand der CPU und unter Umständen auch anderer Hardware–Bausteine, wie den eines mathematischen Coprozessors. Der Zustand eines Prozessors ist durch den Inhalt aller Prozessorregister eindeutig beschrieben.
  Multitasking–Systeme, also Computer, auf denen mehrere Prozesse parallel ausgeführt werden können, müssen für jeden Prozeß in dessen Kontext den Zustand des Prozessors festhalten.

- Ebenfalls zum Prozeßkontext gehören sämtliche lokale und globale Variablen des Prozesses – alle Daten also, die nur für diesen Prozeß gelten. Zu dieser Kategorie gehört auch der Stack: Zum einen enthält er temporäre Kopien von CPU–Registern (und damit Prozeßdaten) inklusive der Rücksprungadressen aus Funktionen, zum anderen werden in vielen Programmiersprachen funktionslokale Variablen auf dem Stack abgelegt.
  Technisch bedeutet dies, daß für jeden Prozeß ein eigener Datenbereich (Datensegment) und ein eigener Stack vom Betriebssystem angelegt werden müssen.

- Schließlich umfaßt der Kontext alle Daten des Betriebssystems, die es zur Verwaltung des Prozesses benötigt. Dies können Informationen über seine Größe und seine Priorität im System, aber auch über die von ihm geöffneten Dateien sein.

Die oben aufgezählten Informationen werden in einer Datenstruktur namens *Process Control Block* abgelegt, die für jeden Prozeß vorhanden ist. Es werden verschiedene Techniken zur Speicherung dieses Blockes angewandt. UNIX zum Beispiel spaltet den Bereich in zwei Strukturen auf, von denen die eine die wichtigen und häufig benutzten Daten, die andere die eher marginalen Informationen speichert.

Die quasi–parallele Ausführung mehrerer Prozesse auf einer CPU beruht auf einem einfachen Algorithmus (Bild 3.3).

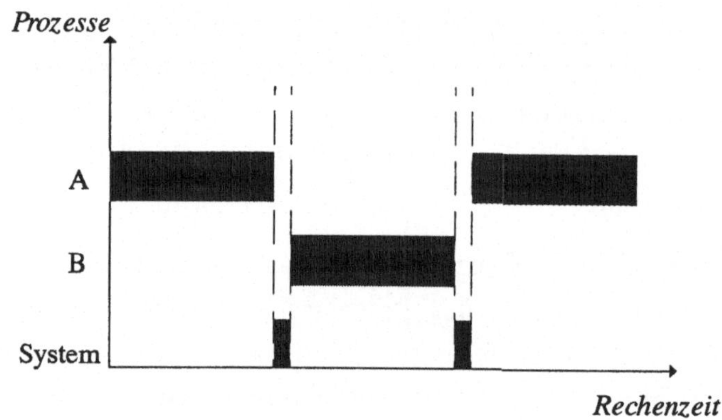

Abbildung 3.3: Mehrere Prozesse werden parallel ausgeführt

Zunächst wird der Kontext von Prozeß A geladen; der Prozeß wird ausgeführt. Nach dam Eintreten eines bestimmten Ereignisses wird das Betriebssystem aktiv: es speichert den aktuellen Kontext von Prozeß A in dessen Datenstrukturen, wählt einen anderen Prozeß B zur Ausführung aus und lädt dessen Kontext in die CPU und die anderen Systemkomponenten. Die Maschine arbeitet einige Zeit den Code von B ab, bis schließlich erneut das Kontextwechsel–Ereignis eintritt, Prozeß B ausgelagert und wieder Prozeß A geladen wird...

Obwohl die quasi–parallele Ausführung mehrerer Programme auf einem Prozessor den Bedarf an Rechenleistung nicht verringert, sondern im Gegenteil durch den Aufwand beim Kontextwechsel erhöht, steigert sich die Effizienz eines Systems. Viele Prozesse geraten mehr oder weniger häufig in Situationen, in denen sie zum Beispiel auf Daten einer Festplatte oder auf eine Tastatureingabe warten müssen. In diesen Zeitintervallen liegt die CPU-Leistung brach, da sie letztlich in einer Schleife verschwendet wird. Parallele Systeme können in dieser Zeit einen anderen Prozeß ausführen, so daß sich insgesamt die Effizienz des Rechners erhöht.

3.1.2 Prozesszustände

Es ist hilfreich, sich einmal die verschiedenen Zustände eines Prozesses vor Augen zu führen. Wie oben ausgeführt, werden in einem Multitasking-System mehrere Prozesse quasi-parallel ausgeführt — ein wenig Code von A, dann von B, von C, und wieder von A usw. Das bedeutet, daß ein Prozeß eine Zeitlang im Besitz der CPU ist und von ihr ausgeführt wird; die restliche Zeit muß er darauf warten, daß ihm die CPU zugeteilt wird.

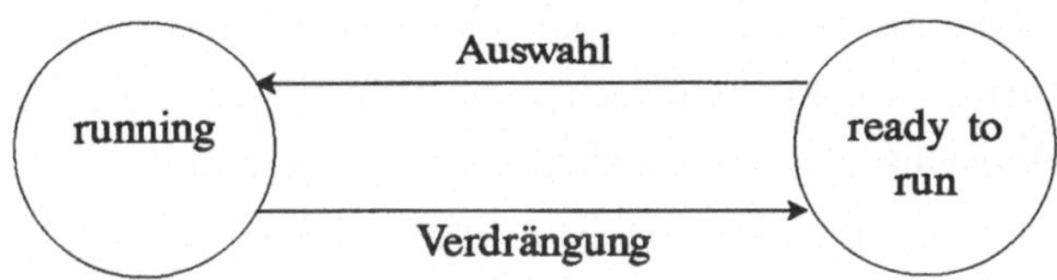

Abbildung 3.4: Ein erstes Zustandsmodell

Wird ein Prozeß ausgeführt, so sagt man, er ist im Zustand „running“. Wartet er hingegen auf die Zuteilung der CPU, so nennt man ihn „ready to run“: Er ist zwar bereit, ausgeführt zu werden, aber die CPU ist einem anderen Prozeß zugeteilt (Abbildung 3.4). Über den Wechsel von running nach ready to run und zurück entscheidet das Betriebssystem.

In guten parallelen Systemen müssen Prozesse nicht aktiv, das heißt, in einer `while`-Schleife, auf die Zuteilung einer Ressource

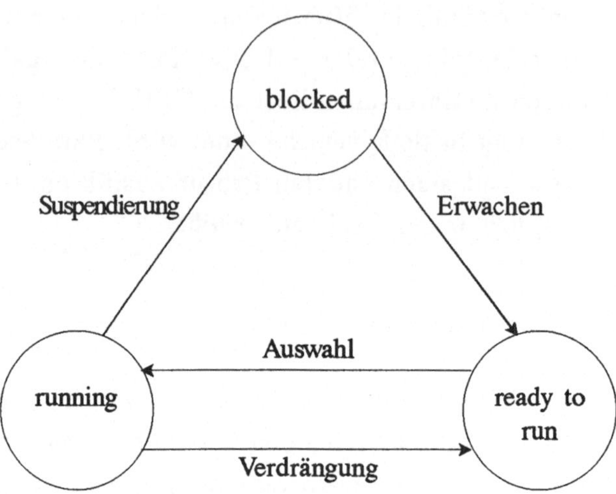

Abbildung 3.5: Der Zustand blocked im Modell

warten. Sie werden vielmehr vom Betriebssystem solange von der CPU–Vergabe ausgeschlossen, bis das gewünschte Betriebsmittel frei wird: Der Prozeß ist „blocked". Der Zustandsautomat 3.5 zeigt die Erweiterung des Modells: Aus ready to run kann ein Prozeß über einen blockierenden Systemaufruf (die wir in Kapitel 4 ausführlich kennenlernen werden) in den Zustand blocked geraten; man sagt, der Prozeß wird suspendiert. Kann der Prozeß später die Ressource belegen, befördert ihn die Systemsoftware von blocked nach ready to run (Erwachen).

Eine philosophische Frage ist die Diskussion, ob der „Zustand" „nicht existent" ein richtiger Prozeßzustand ist oder nicht. Manche Autoren vertreten die Ansicht, daß ein nicht existierender Prozeß auch keine Zustände haben kann. Andererseits gibt es ja Systemoperationen, die zu diesem Zustand führen bzw. von ihm ausgehen. Ich möchte deshalb den Zustand „not exist" einführen. Ein Prozeß wechselt durch seine Erzeugung von not exist nach ready to run, und kehrt von running nach not exist zurück, wenn er terminiert.

Unser Zustandsmodell kann entsprechend vervollständigt werden (Abbildung 3.6).

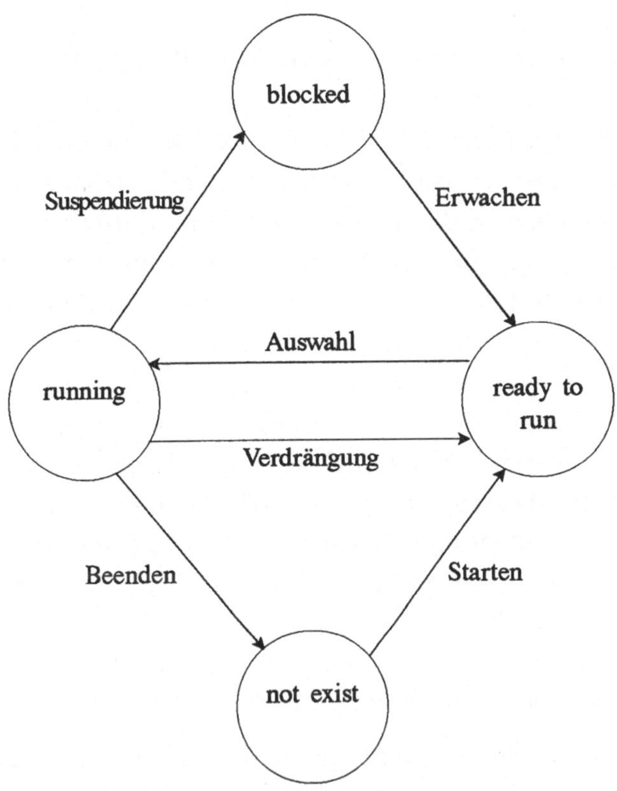

Abbildung 3.6: Das vollständige Prozeßmodell

Die Prozesse bemerken selbst nichts von ihren verschiedenen Zuständen. Das Betriebssystem ist an dieser Stelle so transparent, daß ein Prozeß „glaubt“, ständig und allein im Besitz der CPU zu sein.

Reale Multitasking–Systeme gehen über diese einfachen Modelle hinaus. Sie kennen vielfache Varianten der Prozeßzustände, die die zusätzlichen Systemfeatures wie das Auslagern schlafender Prozesse auf die Festplatte notwendig machen. Auch unser Zustandsautomat könnte später verbessert werden; dies sei dem Leser als Übungsaufgabe überlassen.

3.1.3 Threads – Prozesse innerhalb von Prozessen

Die Kommunikation zwischen zwei Prozessen ist oft schwerfällig, da der Datenspeicher jedes Prozesses von anderen Tasks isoliert ist. Einige Prozessoren verbieten sogar durch die Hardware den Zugriff auf Datensegmente anderer Prozesse. Dies ist durchaus erwünscht: Es soll verhindert werden, daß ein Prozeß die Daten eines anderen Prozesses ausspionieren kann. Stellen Sie sich einen Computer an einer Universität vor, auf dem ein Student ein Programm startet, das den kompletten Speicher nach dem Namen eines Professors durchsucht. Dieser Professor schreibt an seinem Terminal gerade eine verliebte Mail an eine junge Kollegin, die er als Gentleman natürlich mit Namen unterzeichnet. Das Programm des Studenten findet bei seinem Streifzug diese Unterschrift, und schon liest der Student auch den Rest des Briefes. Ebenso gefährlich sind fehlerhafte Programme, die beim Umgang mit Zeigern wild in den Speicher schreiben, und so den kompletten Rechner zum Absturz bringen.

Die Hardware moderner Computer verhindert, daß ein Prozeß ungestraft in den Adreßraum eines anderen Prozesses zugreifen darf (Abbildung 3.7). Die Kommunikation zwischen Prozessen wird dadurch schwieriger: Die auszutauschenden Daten müssen von einem Speicherraum in einen anderen kopiert werden. Besser wäre es, würde den Prozessen ein gemeinsamer Speicher zur Verfügung stehen, wie Abbildung 3.8 zeigt.

Viele Betriebssysteme kennen dieses Konzept unter dem Stichwort *shared memory*. Diese Speicherbereiche müssen explizit angefordert und freigegeben werden.

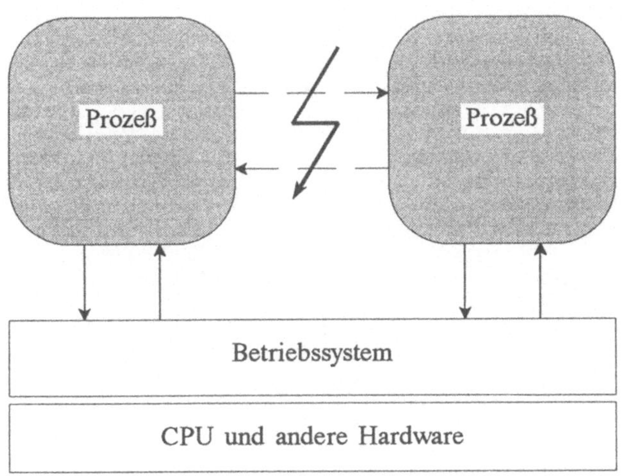

Abbildung 3.7: Isolierte Prozesse im Speicher

Betrachtet man die meisten Kommunikationsabläufe, erweist sich, daß die meisten Daten zwischen Prozessen ausgetauscht werden, die alle einer gemeinsamen Gruppe angehören. Meist sind es Anwendungsprogramme wie Debugger oder Textverarbeitungen, die parallele Konzepte nutzen und daher aus mehreren Prozessen aufgebaut sind. Es ist jedoch nicht einzusehen, warum Prozesse, die zu einem Softwarepaket gehören, vor ihren „Kollegen“ zu schützen sind und über eigene Speicherbereiche über das unbedingt Notwendige hinaus verfügen. Hier geht es ja nicht um Schutz vor den Programmfehlern, die aus unsauberen Quellen stammen, oder gar um die Abwehr potientieller Datendiebe, sondern um die einfache und effiziente Nutzung parallerer Konzepte.

Die unmittelbare Folgerung aus dieser Situation ist die Forderung nach kleinen, abgespeckten Prozessen, die innerhalb einer großen Applikation laufen und im selben Adreßraum agieren. Solche „Schmalspur“-Prozesse findet man in Form der *Threads.* Ein Thread ist ein kleiner Subprozeß, der in einem normalen, großen

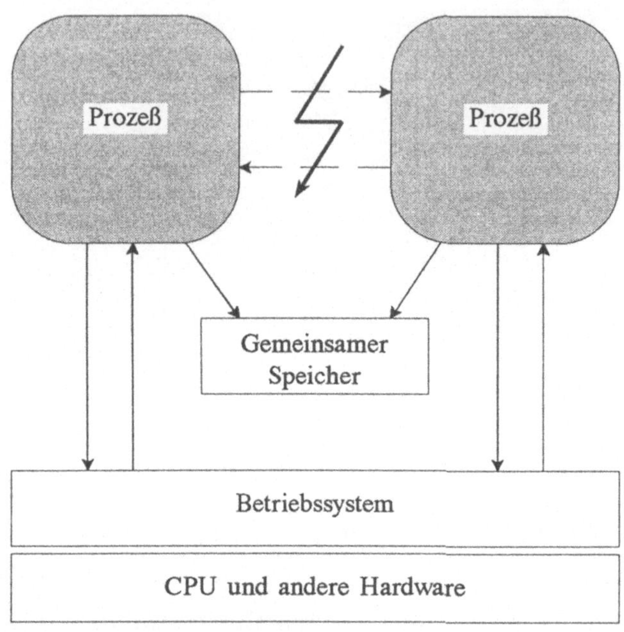

Abbildung 3.8: Gemeinsamer Speicher zum Datenaustausch

Prozeß abläuft. Er verfügt über einen eigenen Stack und einen eigenen Maschinenkontext, jedoch über kein eigenes Datensegment: Die Zugriffe erfolgen auf die Daten des umgebenden, „großen" Prozesses. Die Kommunikation zwischen Threads wird dadurch ungemein effizienter, denn alle Threads eines Prozesses benutzen den gleichen Datenspeicher (Abbildung 3.9).

Für das Betriebssystem verringert sich durch das Threadkonzept der Verwaltungsaufwand. Das Umladen des Kontextes vereinfacht sich beim Umschalten zwischen zwei Threads, da der Datenbereich gleich bleibt. Zu beachten ist dabei, daß neben den Prozeßdaten in der Regel auch viele Betriebssystem-Informationen für die Threads eines Prozesses identisch bleiben, wie zum Beispiel Datei-Zugriffshandles. Es gibt Konzepte — wie das in diesem Buch reali-

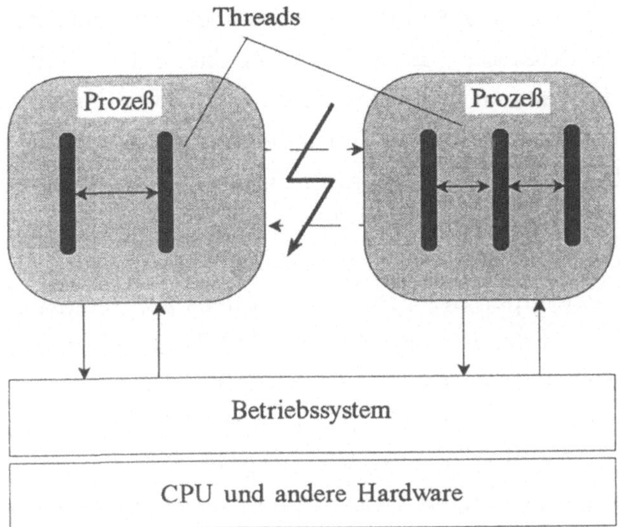

Abbildung 3.9: Threads als Subprozesse

sierte —, die auf ein Umladen der Betriebssystemdaten vollständig verzichten.

Auch für den Programmierer vereinfacht sich die Arbeit. Mußte er bisher entweder über Systemaufrufe einen *shared memory* Speicherbereich anfordern oder über Kommunikationsmechanismen die Daten in den verschiedenen Prozeßräumen konsistent halten, kann er nun von jedem Thread aus einfach auf das globale Datensegment zugreifen. Einzig für den gegenseitigen Ausschluß, den wir im Kapitel 4 besprechen, muß der Entwickler Sorge tragen. Meist ist der dafür notwendige Aufwand gering; bei einer Lösung mit shared memory wäre er zudem genauso erforderlich.

Threads bieten also eine gute Lösung für Parallelität innerhalb einer Applikation. Die beiden modernsten kommerziellen und viele andere, weniger bekannte Betriebssysteme unterstützen deshalb diese

Technik. Im weiteren Verlauf dieses Kapitels werden wir ein kleines *Multithreading*-System besprechen, das es erlaubt, innerhalb eines DOS-Prozesses (die bekanntlich keine Parallelität kennen) parallele Threads zu programmieren. OMT (für Objektorientiertes Multi-Threading-System) kann beliebig viele Objektinstanzen als Threads in einem C++-Programm verwalten und wird bei der Erstellung des Programmes als Library zum Code der Anwendung gebunden. Das Starten des Systems erfolgt — wie unter DOS üblich — durch das Eintippen des Programmnamens auf der Kommandozeile; danach wird der PC jedoch von OMT kontrolliert. Dabei ergibt sich ein interessanter Aspekt zu den Klassifizierungsmöglichkeiten eines Betriebssystems: OMT ist ein *Singletasking*-, Multithreading-System. Die implementierten Verfahren für Threadverwaltung sind dabei aus logischer Sicht nahezu identisch mit denen zur Verwaltung von Prozessen: Wenn im Text von Threads die Rede ist, gelten die Aussagen in den meisten Fällen auch für Prozesse.

In Zukunft werden Software-Entwickler die meiste Zeit mit Threads zu tun haben: so wie heute die meisten Codes nicht in vielen kleinen Programmen, sondern in vielen Funktionen innerhalb eines einzigen großen Programmes implementiert werden, könnte das Verhältnis von Threads zu „schwergewichtigen“ Prozessen aussehen.

3.2 Die Verwaltung von Threads

Im vorhergehenden Abschnitt lernten wir Prozesse und Threads als Möglichkeit parallerer Programmausführung kennen. Mehrfach fielen Begriffe wie „Kontext umladen“ oder „nächsten Prozeß ausführen“. Um die genaue Bedeutung dieser Begriffe haben wir uns keine weiteren Gedanken gemacht. Genau das soll nun geschehen: In diesem Teil werden wir zunächst den Aufbau von Threads diskutieren. Die klassische Verwaltungs-Datenstruktur für Betriebssysteme, FIFO–Queues, werden wir danach besprechen. Ferner stehen die technischen Details für die Kontextverwaltung im Mittelpunkt, deren beispielhafte Realisierung im Multithreading–System OMT am Ende vorgestellt wird.

3.2.1 Der Aufbau eines Threads

Ein Thread besteht, ähnlich wie ein Prozeß, aus einigen, wesentlichen Komponenten:

- einer Anzahl von Anweisungen, die von dem Thread ausgeführt werden;
- einem Stack zur Speicherung von Rücksprungadressen und lokalen Variablen;
- einem Speicher für den Maschinenkontext.

Zum Kontext des Threads zählen neben den CPU–Registern zum Beispiel seine Priorität oder eine Variable, die seinen Zustand anzeigt. Diese Threadeigenschaften hängen — analog zu den Prozeßeigenschaften — jedoch von der Implementierung ab und weichen von System zu System stark voneinander ab. Die Implementierung erfordert wie bei Prozessen einen *Thread Control Block*, der sich bei uns in den Objekteigenschaften (siehe unten) verbirgt.

Mit Hilfe der Klassennotation aus C++ könnte man einen Thread wie folgend definieren:

```
// Basisklasse fuer Threads
class Base
{
public:
    Base ();
```

```
    ~Base ();
    void setprior (int pr);
    int  getprior ();

protected:
    int          create (int stacksize, int prior);
    virtual void threadcode ();

private:
    void threadentry ();
    long getstack    ();
    void setstack    (long asp);
    int  *stack,
         prioritaet;
    long actsp;

friend
    class ThreadManagement;
};
```

Betrachten wir zunächst die Thread-Interna, also alle Definition, die unter `private` erfolgen. Die Methode `threadentry()` gibt es nur aus compiler-technischen Gründen, wie wir bei der Besprechung von `create()` sehen werden. Sie ist implementiert als:

```
void Base::threadentry()
{
    threadcode();
    ThreadManager->end ();
}
```

Zunächst ruft sie nur die Methode `threadcode()` auf, die im Gegensatz zu `threadentry()` als `virtual` gekennzeichnet ist. Nach der Rückkehr aus `threadcode()` terminiert der Thread durch den Aufruf `end()` an das Objekt `ThreadManager`. Auch dieser Aufruf wird im weiteren Verlauf des Kapitels klarer werden; im Moment genügt, daß der Thread durch diesen Systemcall in den Zustand not exist gerät.

Die Objekteigenschaft `stack`, definiert als Zeiger auf `int`, bildet den Link auf den Threadstack. Neben seiner gängigen Bedeutung als Stapelspeicher der CPU werden auf ihm die Inhalte der Register abgelegt; er dient also als Kontextspeicher. Im *Real Mode* der Intel-Prozessoren ist dies die einfachste Speichermethode, da die Register einfach mit

```
PUSH    AX
PUSH    BX
...
```

gesichert und mit

```
...
POP     BX
POP     AX
```

in die CPU geladen werden können. Damit das Laden des Prozessor-Kontextes überhaupt funktionieren kann, muß die aktuelle Spitze des Stacks, also der Inhalt von SS:SP, bekannt sein. Diese beiden Register werden deshalb in einer eigenen Variablen gesichert: `actsp` nimmt im höherwertigen Wort den Inhalt des Stackselektors SS, im niederwertigen Wort den Stackpointer SP auf. Der Zeiger kann mit `setstack()` gesetzt und mit `getstack()` gelesen werden. Da ein Mißbrauch dieser Funktionen das System zum Absturz bringen kann, sind die beiden Methoden ebenfalls im `private`-Teil der Klasse untergebracht – einzig die als `friend` deklarierte

ThreadManagement-Klasse, die die Verwaltung der Threads übernimmt, kann diese Routinen aufrufen.

Von den vielfältigen zusätzlich möglichen Threadinformationen benötigen wir bei unserer Implementierung nur die Priorität des Threads, die in prioritaet gespeichert wird. Diese Variable wird später als Auswahlkriterium, welcher Thread die CPU erhält, verwendet werden.

Kommen wir nun zu den protected-Methoden. create(), die mit Abstand mächtigste Funktion der Klasse, erzeugt den Thread-Stack und initialisiert ihn mit Standardwerten für die CPU-Register. Beim Laden des CPU-Kontextes von genau diesem Stack muß die Reihenfolge der Werte genau der Reihenfolge der POP-Anweisungen entsprechen. Ebenfalls auf dem Thread-Stack wird die Adresse des Thread-Einsprungpunktes gespeichert. Nach dem Laden des CPU-Kontextes wird die CPU mit einer ret-Anweisung in den Code des Threads verzweigen. Da alle weiteren Threads von Base abgeleitet werden, der Threadcode aber jeweils neu implementiert wird, ist es notwendig, die Methode threadcode() als virtuell zu definieren. Andererseits macht die Verwaltung der virtuellen Methoden durch den C++-Compiler einige Probleme, wenn die physikalische Adresse einer solchen Methode benötigt wird (um sie auf dem Threadstack zu hinterlegen). Abhilfe schafft hier die nicht-virtuelle Dummy-Methode threadentry(), die wir bereits kennenlernten. Ihre Adresse wird von create() auf dem Threadstack hinterlegt.

Die Implementierung von create() ergibt sich zu:

```
// Parameter: Stackgroesse in Bytes, Prioritaet
int Base::create (int stacksize, int pr)
{
    int         *tmp,
```

```
                *intp;
    long        *this_tmp;
    void        (Base::* help) ();

// Stacksize auf Int umrechnen
    stacksize   /= 2;

// Stack anfordern
    stack       =  new int [stacksize];
    if (stack == 0)
        return -1;

// Den Stack vorbelegen
    tmp         =  stack + (stacksize-8);
    this_tmp    =  (long*) tmp;
    *this_tmp   =  (long) this;
    tmp--;
    tmp--;
    *(tmp--)    =  0;

// Die Einsprungadresse hinterlegen
// (geht durch C++ nur so unsauber)
    *(tmp--)    =  _CS;
    help        =  &Base::threadentry;
    intp        =  (int*) &help;
    *(tmp--)    = *(intp+ __version);

// Die Registerstartwerte auf den Stack legen
    *(tmp--)    =  0xf202;    // PSW
    *(tmp--)    =  0;         // AX
    *(tmp--)    =  0;         // BX
    *(tmp--)    =  0;         // CX
```

```
    *(tmp--)     =  0;          // DX
    *(tmp--)     =  0;          // BP
    *(tmp--)     =  0;          // SI
    *(tmp--)     =  0;          // DI
    *(tmp--)     =  _DS;        // DS
    *(tmp)       =  _ES;        // ES

// Aktueller SS:SP
    actsp        =  (long) tmp;

// Prioritaet gemaess Parameter setzen
    setprior   (pr);

// den Thread in die Ready--Queue einketten
    ThreadManager->ready (this);
    return 0;
}
```

Die Methode erzeugt zunächst ein Integer–Array mit dem im Parameter `stacksize` angegebenen Parameter als Byte–Größe des Feldes. Dieser Stack wird zunächst mit dem Objektzeiger `this` belegt, der jeder Methode als unsichtbarer Parameter übergeben wird. Über ihn kann eine Methode transparent ihre eigenen, instanzbezogenen Daten referenzieren.

Im zweiten Schritt wird die Rücksprungadresse für das `ret`–Statement auf dem Stack gelegt. Leider ist das Umwandeln einer Methodenadresse in einen `int` in C++ so ziemlich unmöglich: Erst der Einsatz einer Quasi–Union macht das möglich. Der additive Wert `__version` ist dabei vom verwendeten Compiler abhängig. Danach werden auch die anderen Register in festgelegter Reihenfolge auf den Stack geschrieben. `actsp` bekommt schließlich den aktuellen Wert des Stackpointer zugewiesen. Ebenso wird `prioritaet` mit dem Parameter `prior` initialisiert.

Schließlich vollzieht die `create()`-Methode durch die Anweisung `ThreadManager->ready(this)` den Zustandswechsel des Threads von not exist nach ready to run. Ab diesem Zeitpunkt ist der Thread dem Betriebssystem bekannt und wird von ihm zur Ausführung gebracht werden.

Bleiben noch die `public`-Aufrufe. Der Konstruktor wird im Allgemeinen zum Aufruf der `create()`-Methode eingesetzt. Dies hat den Vorteil, daß ein Thread mit dem einfachen Statement

```
new IrgendeinThread;
```

gestartet werden kann. Der Destruktor wird hingegen für die saubere Auflösung des Threads am Ende seiner Lebensdauer sorgen, indem er insbesondere den Thread-Stack freigibt.

`getprior()` und `setprior()` dienen der Justierung der Thread-Priorität. Die Aufrufe setzen bzw. lesen die aktuelle Priorität des Threads; gültige Werte sind 0 bis 15. Die genaue Bedeutung der Methoden wird im Abschnitt über die verschiedenen Auswahlstrategien für Threads klarer dargelegt.

Nachdem wir den Aufbau eines Threads kennengelernt haben, wenden wir uns nun den Verwaltungskomponenten innerhalb des Betriebssystems zu.

3.2.2 Die Verwaltungsgrundlage: FIFO-Queues

Betriebssysteme haben die Aufgabe, bestehende Ressourcen gerecht an alle anfordernden Threads zu verteilen. Die klassische Datenstruktur dafür ist die der Warteschlange: Gibt es ein Betriebsmittel, das nicht mehrfach benutzt werden darf (zum Beispiel einen

Drucker), so bekommt der Thread, der am längsten warten mußte, die Erlaubnis zur Benutzung.

Thread–Queues bestehen im wesentlichen aus drei Komponenten:

- dem Queue–Header, der die Queue beschreibt und den Zugriff erlaubt; im wesentlichen sind dazu die Zeiger auf das erste und auf das letzte Element der Liste notwendig;
- den Queue–Elementen (Carrier), die Zeiger auf den Vorgänger und auf den Nachfolger (doppelt verkettete Liste) sowie einen Verweis auf den Inhalt des Elements – also ein Zeiger auf den assoziierten Thread – enthalten; zusätzliche Felder können in verschiedenen Queues zur Speicherung zusätzlicher Informationen dienen, die zwar für jeden Thread dieser Queue benötigt werden, aber nicht im Thread–Kontext selbst abgelegt werden können, da sie von Queue zu Queue variieren;
- den eigentlichen Threads, die durch einen Zeiger über die Queue–Elemente referenziert werden.

Abbildung 3.10 zeigt die drei Komponenten in einer typischen Situation.

Die Realisierung einer solchen Thread–Queue ist in der Literatur zur Algorithmik hinreichend oft beschrieben worden. Ich möchte deshalb nur kurz auf die in OMT verwendeten Queue–Klassen eingehen. Threads werden als abgeleitete Klassen der Basisklasse `Base` definiert, deren Aufbau im vorhergehenden Abschnitt beschrieben wurde:

```
class Base
{
    ...
};
```

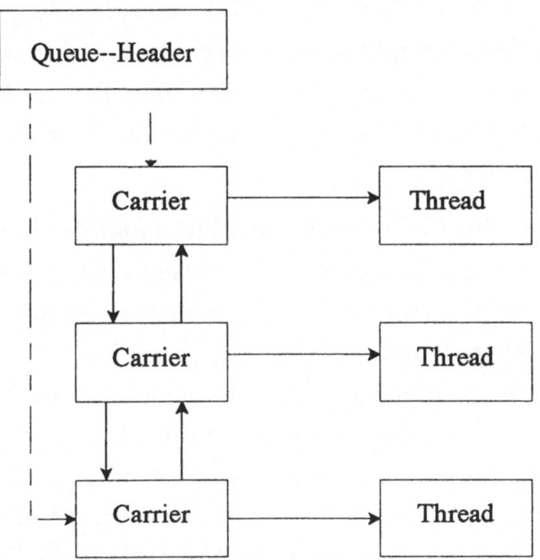

Abbildung 3.10: Eine Queue mit ihren drei Komponenten

Betrachten wir nun die Klasse Carrier, die die Listenelemente realisiert. Sie ist definiert als:

```
class Carrier
{
public:
    Carrier       *next, *prev;
    Base          *thread;
    unsigned long timer, counter;

    Carrier  (Carrier *listelement = NULL);
    ~Carrier ();
};
```

Die Klasse enthält zwei Zeiger auf Instanzen der eigenen Klasse: Sie werden als Link auf den Vorgänger und auf den Nachfolger verwendet. Ein spezieller Wert, `NULL`, markiert in `prev` das erste Element der Liste (es gibt keinen Vorgänger) und in `next` das letzte Queue–Element. Der Pointer auf `Base` baut den Link zum Thread auf. Die beiden `long`–Variablen können von verschiedenen Queues beliebig verwendet werden.

Interessant ist der Code des Konstruktors und des Destruktors. Die beiden Methoden erlauben das Verstecken einer gewissen Eigenintelligenz in der Datenstruktur. Der Konstruktor initialisiert, wenn er mit dem Defaultparameter aufgerufen wird, alle Variablen auf Null. Bekommt er hingegen einen Pointer ungleich NULL übergeben, interpretiert er ihn als Zeiger auf ein Queue–Element, hinter das er sich selbst einketten soll. Das Bild 3.11 verdeutlicht diesen Mechanismus: Teil a) zeigt den neuen Carrier, der einen Zeiger auf seinen zukünftigen Vorgänger in der Liste erhält. Im Teil b) hat sich der Konstruktor zwischen die beiden Carrier–Elemente gekettet.

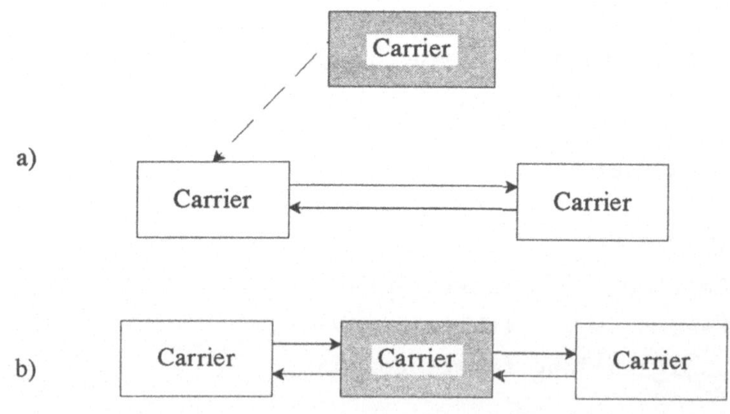

Abbildung 3.11: Einketten eines Elementes in eine Queue

Der Konstruktor kümmert sich selbständig darum, daß nach dem Einhängen der eigenen Klasseninstanz die Liste in einem korrekten Zustand kommt. Hier der zugehörige Code:

```
Carrier::Carrier (Carrier *listelement)
        :timer (0), counter (0), next (NULL),
         prev (NULL), thread (NULL)
{
// Kein Einketten notwendig
    if (listelement == NULL)
        return;
// Carrier NACH "listelement" einketten
    if (listelement->next != NULL)
    {
        listelement->next->prev = this;
        next = listelement->next;
    }
    listelement->next = this;
    prev = listelement;
}
```

Analog dazu kettet der Destruktor die Klasseninstanz selbständig aus der Queue aus; zu diesem Zweck korrigiert er die link–Zeiger seines Vorgängers und seines Nachfolgers:

```
Carrier::~Carrier ()
{
    if (prev != NULL)
        prev->next = next;
    if (next != NULL)
        next->prev = prev;
}
```

Die Klasse kann sich also selbständig in einer doppelt verketteten Liste organisieren, solange man den Instanzen mitteilt, an welcher Position das Einketten erfolgen soll. Diese Aufgabe übernimmt die

Klasse Queue, die die Basis nahezu aller Verwaltungsmechanismen in OMT bildet:

```
class Queue
{
public:
    Carrier *first, *last;

    Queue  ();
    ~Queue ();
    void   link   (Base *entry);
    Base*  unlink ();
};
```

Queue implementiert den Header der Warteschlange. first und last sind Zeiger auf das erste beziehungsweise das letzte Element der Liste; ist die Liste leer, so ist ihr Wert NULL (das ist auch ihr Initialwert nach dem Konstruktoraufruf). Der Konstruktor sorgt für definierte Anfangswerte; der Destruktor wirft die gesamte Liste, das heißt sämtliche Carrier–Instanzen, weg.

Die beiden Methoden link() und unlink() abstrahieren den Queue–Zugriff auf die logischen Operationen zur Verwaltung einer FIFO–Schlange (FIFO = First In, First Out). link() fügt einen Thread am Ende der Liste an; unlink() entfernt den ersten Carrier und gibt den dort gespeicherten Thread–Link als Ergebnis zurück. Da die Verwaltungsleistung für die doppelt verkettete Liste bereits durch die Klasse Carrier erledigt wird, beschränkt sich der Code dieser Methoden auf die Nachführung der beiden Pointer:

```
void Queue::link (Base* entry)
{
    last = new Carrier (last);
```

```
    if (first == NULL)
        first = last;
    last -> thread = entry;
}

Base* Queue::unlink ()
{
    Carrier *tmp;
    Base* c;

    if ((tmp = first)==NULL)
        return NULL;
    first = first -> next;
    c = tmp->thread;
    delete tmp;
    if (first == NULL)
        last = NULL;
    return c;
}
```

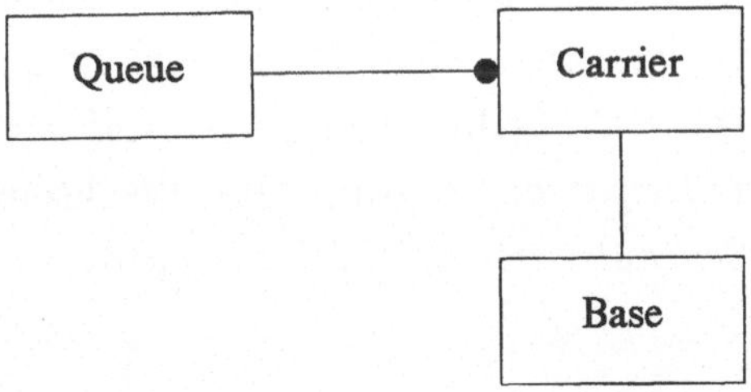

Abbildung 3.12: Objektmodell für FIFO–Queues

Die Beziehungen zwischen den Klassen `Base`, `Carrier` und `Queue` sind im Objektmodell (Bild 3.12) veranschaulicht.

Die Verwaltung von Threads in einer FIFO–Liste kommt nun mit einigen wenigen Anweisungen aus:

```
    Queue *Threadschlange;

// Neue Queue einrichten
    Threadschlange = new Queue;

// einen Thread am Ende der Queue einketten
    Threadschlange->link (irgendeiner);

// den ersten Thread der Queue entnehmen
    irgendeiner = Threadschlange->unlink ();

// die Queue loeschen
    delete Threadschlange;
```

Später werden wir häufig von diesen einfachen Aufrufen profitieren.

3.2.3 Das Dispatcher/Scheduler–Gespann

Das Umladen des Thread-Kontextes haben wir bislang etwas am Rande abgetan, obwohl dies die wichtigste Grundoperation eines Betriebssystems ist, wenn sich mehrere Programme eine einzige CPU teilen. Diese Aufgabe wird meist auf zwei Komponenten aufgeteilt. Der *Dispatcher* besorgt das Wechseln des Kontextes, während der *Scheduler* den neuen Thread, der ausgeführt werden soll, auswählt.

Verdrängend oder kooperativ?

Zunächst soll uns die Frage beschäftigen, wie ein Kontextwechsel initiiert wird. Dabei gibt es zwei grundlegende Möglichkeiten:

- In *kooperativen* Systemen bestimmt derjenige Thread, der gerade im Besitz der CPU ist, selbst den Zeitpunkt zum Wechsel: Durch einen Systemcall gibt er den Prozessor an den nächsten Thread weiter.
- In *verdrängenden* Systemen wird derjenige Thread, der gerade ausgeführt wird, ohne sein „Einverständnis“ durch einen anderen Thread ersetzt.

Im Bereich der Multitasking–Betriebssysteme gibt es für jede Technik mindestens einen berühmten Vertreter. Windows 3.1 ist ein gutes Beispiel für kooperatives Multitasking. Die CPU wird zwischen Windows–Applikationen nur bei einem Systemaufruf weitergegeben. Der Vorteil ist, daß der Dispatcher einfacher zu implementieren ist: Es gibt weniger Probleme mit zeitkritischen Abläufen, da die Task zum Beispiel nicht innerhalb einer I/O–Funktion unterbrochen wird, sondern nur zu Beginn eines Systemaufrufes. Der Nachteil ist: Solange eine Task keinen Betriebssystemdienst benutzt, wird sie auch nicht durch eine andere Task abgelöst. Schickt sich zum Beispiel ein Prozeß an, 10000 Datensätze im Speicher zu sortieren, findet in dieser Zeit keine parallele Programmausführung statt. Im Extremfall, wenn eine Task in eine Endlosschleife gerät, ist das System lahmgelegt.

Der zweite Ansatz ist deshalb der weitaus häufiger realisierte. In UNIX werden die Tasks durch das Auftreten verschiedener Ereignisse verdrängt, die von der Hardware ausgelöst werden. Ganz profan ist dabei die Verdrängung durch den Timer: Jede Task darf nur einige Zeit werkeln, danach kommt die nächste an die Reihe. Aber auch Schnittstellen–Bausteine, Plattencontroller und Terminals können einen Taskwechsel auslösen. Eine Task wird zum Beispiel nach einem read()–Aufruf auf eine Datei suspendiert; sie muß warten, bis der Plattencontroller die Daten bereitstellt. In dieser Zeit kann eine andere Task arbeiten. Meldet nach einiger Zeit der

Plattencontroller den Abschluß der Leseoperation, wird die erste Task wieder in den Besitz der CPU gelangen, um die Daten verarbeiten zu können.

Die zugrundeliegende Prozessorarchitektur nutzt dazu das Konzept der Interrupts. Die CPU stellt über zusätzliche Bausteine verschiedene Leitungen bereit, denen je eine Hardware-Unterbrechungsquelle (Timer, serielle Schnittstelle, ...) zugeordnet ist. Will eines der angeschlossenen Geräte ein Ereignis anzeigen, so bringt es seine Interruptleitung auf einen bestimmten Spannungspegel. Die CPU erkennt daran den Unterbrechungswunsch und verzweigt zu einer vom Betriebssystem festgelegten Programmstelle: Das Ereignis kann „bedient" werden. Nach Abschluß der Bearbeitungsprozedur kehrt der Prozessor zur Unterbrechungsstelle so zurück, daß das unterbrochene Programm von der Verzögerung nichts bemerkt.

Das Umladen des Kontextes

Wurde ein Threadwechsel, wie auch immer, ausgelöst, kommt der Dispatcher an die Reihe. Seine Aufgabe ist das Umladen der Threadkontexte. Leider kann diese Funktion nicht mehr in C++ realisiert werden, doch wir werden die Assemblerimplementierung Stück für Stück besprechen, um sie verständlich werden zu lassen.

Beginnen wir mit dem Auslagern des alten Threads:

```
dispatcher        PROC   FAR
pushf             ;CPU-Kontext auf den Stack speichern
push      ax      ;(die Reihenfolge darf nicht geaendert
push      bx      ; werden, da sie mit der Methode
push      cx      ; create() konform sein muss!)
push      dx
push      si
```

```
push    di
push    bp
push    ds
push    es
```

Die Realisierung ist einfach und auf den Real Mode des 8086–Prozessors zugeschnitten. Da der Dispatcher wie eine Funktion aufgerufen wird, liegt die Rücksprungadresse bereits am Stack. Danach werden die Flags, die Standardregister AX...SI, der zweite Stackpointer und die beiden Segmentselektoren DS und ES gerettet. Wer sich an die Methode `create()` aus der Thread–Basisklasse `Base` erinnert, wird feststellen, daß die Reihenfolge der Register identisch ist.

Nun wird der Stackpointer gerettet und als Parameter für eine Funktion `schedule_adapt()` verwendet. Hinter dieser Prozedur verbirgt sich der Scheduler, der den aktuellen Stackpointer über `setstack()` in der Threadinstanz speichert. Das Ergebnis dieser Funktion ist ebenfalls ein Stackpointer, allerdings der auf die Spitze des neuen Threads. Die Funktion ist definiert als

```
long schedule_adapt (long);
```

und wird im Zusammenhang mit dem Scheduler nochmals erwähnt. Ihr Aufruf erfolgt mit

```
mov     ax,sp               ;Stackpointer SP sichern
push    ss                  ;SS:SP als Parameter
push    ax

call    schedule_adapt      ;SS:SP sichern, Threadwechsel

add     sp,4                ;Stack abraeumen
```

```
mov     sp,ax                  ;Stack umladen
mov     ss,dx
```

Der Stackpointer wurde durch die letzten beiden Statements auf den des neuen Thread umgestellt. Im letzten Teil der Funktion müssen nurmehr die Register vom Stack geladen werden:

```
pop     es                     ;Thread-CPU-Kontext laden
pop     ds
pop     bp
pop     di
pop     si
pop     dx
pop     cx
pop     bx
pop     ax
popf
ret                            ;Ruecksprung zum NEUEN Thread
dispatcher        ENDP
```

Der abschließende `ret`–Befehl führt die Programmausführung zum neuen Thread, genau an die Stelle, wo er zuletzt verdrängt wurde.

Auswahl des neuen Threads

Die zentrale Komponente zur Auswahl eines neuen Threads, der die CPU bekommen soll, ist die Klasse `ThreadManagement` mit ihrer globalen (und einzigen) Instanz `ThreadManager`. Der ThreadManager verwaltet die Threads, die zur Ausführung anstehen (ready to run sind), in sogenannten Ready–Queues. Jeder dieser Queues ist eine FIFO–Warteschlange für Threads und wird durch die bereits bekannte Klasse `Queue` realisiert. Über mehrere Methoden kann die Verwaltung der Threads beeinflusst werden.

Doch hier ist zunächst die Definition der zentralen Thread–Management–Klasse:

```
class ThreadManagement
{
public:
    void  ready         (Base* thread, int preempt=yes);
    Base* block         ();
    void  end           ();
    void  yield         (int rrsched=no);
    ThreadManagement  ();
    ~ThreadManagement ();

private:
    Base  *actualthread;
    int   actualqueue;
    Queue ready_queues[16];
    long  schedule           (long stckptr);

friend
    long  schedule_adapt     (long);
};
```

Das Array `ready_queues` definiert insgesamt sechzehn der FIFO–Warteschlangen. Dabei ist jeder Prioritätsstufe der Threads genau eine Queue zugeordnet: die Threads mit Priorität = 5 stehen in der Queue `ready_queues[5]`, die mit Priorität = 15 in der Queue `ready_queues[15]`, usw. Die Stufe 0 ist die wichtigste Prioritätsebene. Die beiden anderen Eigenschaften der Klasse, `actualqueue` und `actualthread`, dienen zur Referenzierung des Threads, der gerade in Besitz der CPU ist. `actualqueue` gibt die Nummer seiner Ready–Queue an, und `actualthread` ist ein Zeiger auf den Thread selbst.

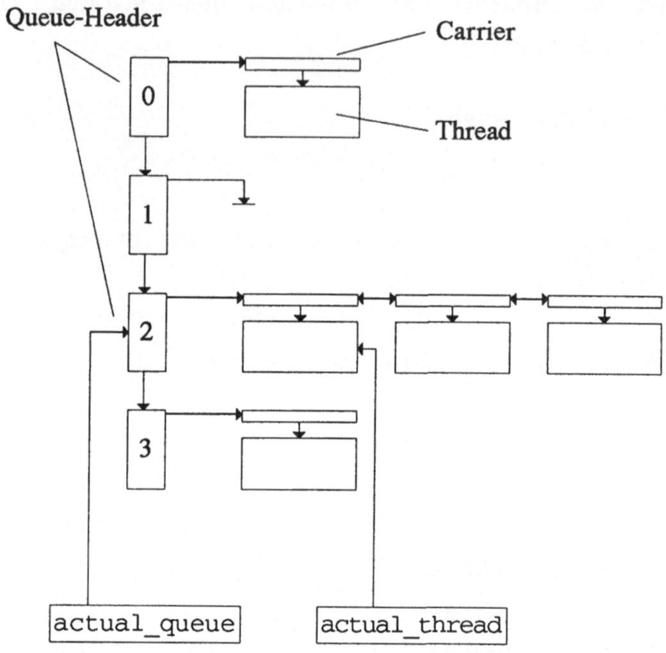

Abbildung 3.13: Die Verwendung der Ready–Queues

Das Bild 3.13 zeigt die Nutzung der Queues und der beiden `actual...`–Variablen. In der dargestellten Situation hat der erste Thread aus Stufe 2 die CPU in Besitz.

Die Methode `schedule()` implementiert den Scheduler. Sie speichert den aktuellen Stackpointer im aktuellen Thread, wählt einen anderen Thread aus und liefert dessen Stackpointer als Ergebnis. Sie wird von der friend–Funktion `schedule_adapt()` aufgerufen:

```
long schedule_adapt (long stack)
{
    return ThreadManager->schedule (stack);
}
```

Die Funktion `schedule_adapt()` wurde nur implementiert, da der Aufruf von C–Funktionen aus Assembler einfacher erfolgen kann als ein Call zu einer Objektmethode. Nach dem Aufruf von `schedule()` enthält `actualqueue` die Nummer der Ready–Queue, aus der der neue Thread stammt; `actualthread` zeigt auf den ersten Thread dieser Queue (und damit auf den ausgewählten Thread). Die Implementierung der Methode werden wir im Abschnitt über die verschiedenen Scheduling–Strategien genauer untersuchen.

Die public–Methoden realisieren eine Reihe von internen Systemaufrufen. Der Konstruktor dient nur zur Initialisierung der Queues. Die Methode `ready()` übergibt einen Zeiger auf einen Thread an die Management–Klasse, die diesen Thread in eine der Ready–Queues einfügt.

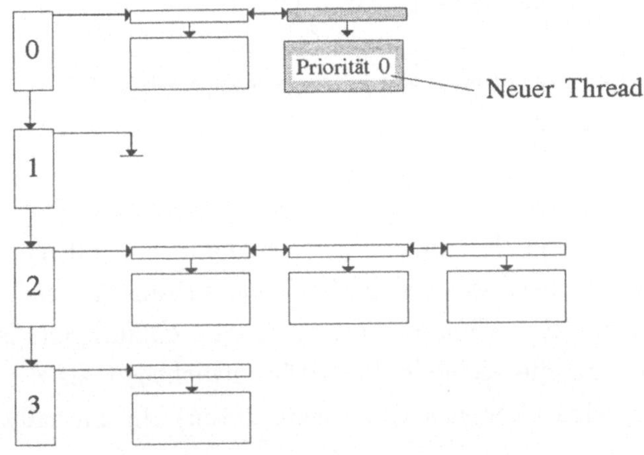

Abbildung 3.14: Hinzufügen eines neuen Threads

Bild 3.14 zeigt die Technik des Einkettens an einem Beispiel. Der ThreadManager ist zur Vereinfachung mit nur vier Queues gezeichnet. Gemäß der im Thread gespeicherten Priorität wird der hinzukommende Thread ans Ende der Queue 0 eingereiht.

Der zweite Parameter steuert das Verhalten des ThreadManagers, wenn der neue Thread eine höhere Priorität als der bisherige Thread hat, also wichtiger ist. Ist `preempt` auf `yes`, wird in diesem Falle ein Kontextwechsel ausgelöst; bei `no` unterbleibt er. Meist wird `no` nur eingesetzt, wenn mehrere Threads nacheinander ready to run werden: Erst am Schluß wird dann der Kontextwechsel durchgeführt.

```
void ThreadManagement::ready
            (Base *thread, int preempt)
{
    int pr;

    if (thread==NULL)
        return;
    pr = thread->getprior ();
    ready_queues[pr].link (thread);
    if (actualqueue > pr && preempt==yes)
        yield();
}
```

Die Funktion prüft zunächst, ob `*thread` ein gültiger Zeiger ist. Anschließend besorgt sie sich die aktuelle Priorität des Threads, um ihn in der entsprechenden Ready–Queue einzufügen. Ist `preempt` auf `yes`, und die aktuelle Priorität unwichtiger als die des neuen Threads, wird über `yield()` (siehe unten) ein Threadwechsel eingeleitet.

`block()` kann als Gegenstück zu `ready()` verstanden werden: Die Methode führt die Transistion des aktuellen Threads von running nach blocked aus. Die Funktion entnimmt der Ready–Queue (über `actualqueue` referenziert) den ersten Thread und liefert den Zeiger darauf zurück. Intern hat dies zwei Effekte:

1. Der Zeiger `actualthread`, der auf den gerade aktiven Thread verweist, ist nicht mehr identisch mit `ready_queues[actualqueue].first->thread`.

2. Der Thread kann solange nicht running werden, bis er mit `ready()` erneut einer Ready–Queue hinzugefügt wird.

```
Base* ThreadManagement::block ()
{
    if (actualthread==
            ready_queues[actualqueue].first->thread)
    {
        ready_queues [actualqueue].unlink ();
        actualqueue = 0xff;
    }
    return actualthread;
}
```

Zunächst wird der Zeiger `actualthread` auf Gültigkeit geprüft. Danach wird der aktuelle Thread aus seiner Ready–Queue ausgekettet; die Queue–Referenz wird auf „ungültig“ gesetzt. Das Ergebnis der Funktion ist der Zeiger auf den ausgeketteten Thread.

Als weiteren Aufruf definiert die Klasse `yield()`: Diese Methode führt sofort zu einem Kontextwechsel, indem die Methode den Dispatcher aufruft. Dazu wird zunächst in den Kernel Mode gewechselt (der in der Dispatcher–Funktion wieder aufgehoben wird) und der Zeitscheiben–Zähler initialisiert (den Sinn dieser Anweisung werden wir im Abschnitt über die Scheduling–Algorithmen begreifen), um schließlich den Dispatcher aufzurufen.

```
void ThreadManagement::yield (int rrsched)
{
```

```
    KERNELMODE();

    clock_ticks = 0;
    dispatcher();
}
```

`yield()` wird später von den *blockierenden* Kommunikationsmethoden ebenso verwendet wie bei einem Kontextwechsel durch die Timer–Interruptprozedur.

Die letzte Methode ist `end()`. Diese Funktion beendet den aufrufenden Thread sofort: Sie entfernt ihn aus der Ready–Queue und löscht ihn mit dem `delete`–Operator aus dem Speicher. Nach `end()` gibt es keine Möglichkeit mehr, auf den Thread zuzugreifen:

```
void ThreadManagement::end ()
{
    delete block ();
    actualthread = NULL;
    yield ();
}
```

Über `block()` holt sich die Funktion den Zeiger auf den zu beendenden Thread und wirft ihn zugleich aus der Ready–Queue; `delete` sorgt für die Auslösung der Threadinstanz. Da `actualthread` auf keinen gültigen Thread mehr zeigt, wird der Zeiger mit Null initialisiert. Schließlich erzwingt die Funktion einen Threadwechsel: Den aktuellen Thread gibt es ja nicht mehr.

Das Objektmodell für den `ThreadManager` ist in Abbildung 3.15 gezeigt.

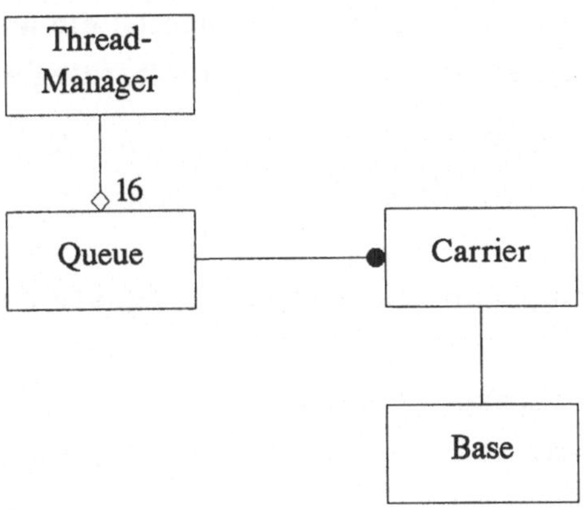

Abbildung 3.15: Objektmodell des ThreadManagers

3.2.4 Scheduling–Strategien

Zur vollständigen Realisierung fehlt noch der Scheduler. Seine Aufgabe ist es, bei einem Threadwechsel denjenigen Thread auszuwählen, dem als nächstes die CPU zugeteilt werden soll. Unterschiedliche Anforderungen an die Scheduling–Strategie führen dabei zu unterschiedlichen Algorithmen, deren Stärken und Schwächen wir im weiteren genauer betrachten. Wichtig sind immer die Kriterien Gerechtigkeit und garantierte Höchst–Wartezeiten hochpriorer Threads. Gerechtigkeit bedeutet, daß jeder Thread genauso oft zur Ausführung gelangt wie jeder andere Thread, oder, mit anderen Worten, daß die CPU–Leistung gleichmäßig auf alle Threads aufgeteilt wird.

Mit der maximalen Wartezeit ist eine Garantie für die längste Zeit bis zur Auswahl gemeint. Diese Zeitdauer ist aber nur für den jeweils höchst prioren Thread gültig und bildet einen der wichtigsten Parameter eines Realzeit–Betriebssystems. Natürlich gilt diese Aussage nur für ein verdrängendes Scheduling: Ein Algorithmus könnte noch so berechenbar sein – wenn ein Thread in einem kooperativen System die CPU nicht weitergibt, „verhungern“ die anderen Threads genauso wie bei einer nicht berechenbaren Strategie.

Zunächst aber das „Drumherum“, die Implementierung der Methode **schedule()** aus der Klasse **TaskManagement**:

```
long ThreadManagement::schedule (long stackpointer)
{
    if (actualthread != NULL)
        actualthread->setstack (stackpointer);

    // Hier wird ein neuer Thread ausgewaehlt!!!
    // actualthread zeigt nun auf den neuen Thread

    return actualthread->getstack();
}
```

Den Rahmen für das Scheduling bildet das Sichern des Stackpointers im Thread–Kontext. Ist **actualthread** gültig (das ist nur dann nicht der Fall, wenn sich der Thread selbst beendet hat), speichert die Funktion den aktuellen SS:SP–Wert im Thread. Nach dem Auswählen eines neuen Threads wird der in ihm gespeicherte SS:SP als Funktionsergebnis zurückgeliefert.

Einer nach dem anderen: Round-Robin-Algorithmus

Der einfachste Algorithmus folgt einer augenfällig gerechten Strategie: jeder Thread darf eine gewisse Zeit arbeiten, um danach ans Ende der Ready–Queue gestellt zu werden (Abbildung 3.16).

Diese Methode zur Threadauswahl ist unter dem Namen „Round–Robin“ bekannt. Die Implementierung ist sehr einfach und erfordert zudem nur eine einzige Ready–Queue (die Implementierung von `ready()` wäre so zu ändern, daß ein Thread immer in Queue 0 eingeordnet wird):

```
long ThreadManagement::schedule (long stackpointer)
{
    ...
    if (actualthread == ready_queues[0].first->thread)
    {
        ready_queues[0].unlink ();
        ready_queues[0].link (actualthread);
    }

    actualthread = ready_queues[0].first->thread;
    ...
}
```

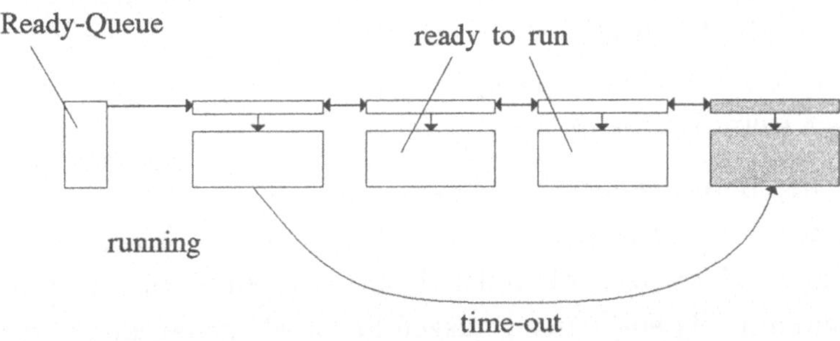

Abbildung 3.16: Round–Robin–Scheduling

Ist der gerade aktive Thread auch der erste Thread in der Ready–Queue, so wird er ausgekettet und am Ende der Queue wieder angefügt. Wurde der Thread bereits blockiert (über `block()`), geschieht nichts. Danach wird der erste Thread der Ready–Queue zur CPU–Zuteilung ausgewählt. Den Scheduler aktiviert in bestimmten Zeitabständen ein Interrupt des PC–Timers; jedem Thread ist so eine feste Zeitscheibe zugeordnet, in der er über den Prozessor verfügen kann. Systeme, die den Round–Robin–Algorithmus mit einem Timer realisieren, heißen *timeslice*–Rechner.

Die Gerechtigkeit des Algorithmus ist augenfällig. Jeder Thread kommt an die Reihe, da die Warteschlange vollständig nach FIFO organisiert ist. Der Algorithmus ist für ein kommerzielles Betriebssystem gut geeignet: jeder Benutzer bekommt genausoviel Rechenleistung wie sein Nachbar. Tatsächlich ergeben sich Probleme aus der Länge der Ready–Queue. Arbeiten an einem System zehn Benutzer, die jeweils einen Compilerlauf gestartet haben, und ein Benutzer, dessen Shell Kommandos interaktiv verarbeitet; die Zeitscheibe betrage rund 100 ms (ein häufiger Wert aus der Praxis). Der Terminalbenutzer muß jeweils eine Sekunde warten, bis ihm für 100 Millisekunden die CPU zugeteilt wird: Er wird mit der Performance des Systems nicht zufrieden sein, da sein Terminal sehr träge reagiert. Es wäre besser, wenn die zehn Compilerläufe weniger Zeit in Anspruch nehmen dürften als der Shellbenutzer, da bei einem Übersetzungsvorgang ein paar Sekunden mehr oder weniger meist kaum ins Gewicht fallen.

Mit der Berechenbarkeit, also der Vorhersagbarkeit der maximalen Wartezeit, sieht es ebenso schlecht aus: Da die Länge der Warteschlange nicht beschränkt ist, kann es theoretisch unendlich lange dauern, bis ein Thread ausgeführt wird (genau dann, wenn die Schlange unendlich viele Elemente enthält).

Die Folgen sind unter Umständen verheerend. Ein modernes Kraftwerk könnte zum Beispiel durch eine Multithreading–Software gesteuert werden. Diese Software bietet neben ihrer eigentlichen Aufgabe einen komfortablen Texteditor für die Tagesberichte, eine Datenbank zur Speicherung der aktuellen Meßergebnisse und einige Spiele, damit dem Operator im Kraftwerk nicht langweilig wird. Ein Thread ist für die Kesselüberwachung zuständig. Dummerweise entsteht in der Anlage gefährlicher Überdruck, auf den der Überwachungsthread sofort reagieren müßte. Er steht jedoch am Ende der Ready–Queue, nach dem Textverarbeitungsthread, dem Druckerspooler, dem Datenbank–Speicherthread, dem Bildschirmschoner und dem Computerspiel des Operators. Erst wenn all diese Programme ihre Zeitscheibe zugeteilt bekommen haben, kann der Ventilthread auf den Überdruck reagieren — doch die Anlage ist inzwischen explodiert.

Knallhart hierarchisch: priority–based–Scheduling

Die oben geschilderten Probleme führen zu einem zweiten Algorithmus, der den Threads Prioritäten zuordnet, die ihrer Wichtigkeit innerhalb des Systems entsprechen. Die Kesselüberwachung aus dem obigen Beispiel hätte hier sicherlich die höchste Priorität; das Spiel würde am unteren Ende der Wichtigkeit angesiedelt.

Die Strategie bewirkt nun, daß zunächst die Threads auf der höchsten Prioritätsstufe ausgewählt werden. Gibt es auf Stufe 0, der wichtigsten Stufe, keine Threads, so wird die nächste Prioritätsstufe inspiziert und so fort. Innerhalb einer Prioritätsebene findet Round–Robin–Scheduling statt. Bild 3.17 verdeutlicht den Ablauf des Schedulings.

Die Verdrängung erfolgt mit diesem Algorithmus durch drei Ereignisse: wenn ein suspendierter Thread mit höherer Priorität erwacht, ein neuer Thread mit höherer Priorität gestartet wird, oder wenn der Timer ein Round–Robin–Scheduling innerhalb einer Ebene verursacht.

Eine Implementierung dieser Strategie könnte, nun unter Nutzung der sechzehn Prioritätsstufen des `ThreadManagements`, wie folgend aussehen:

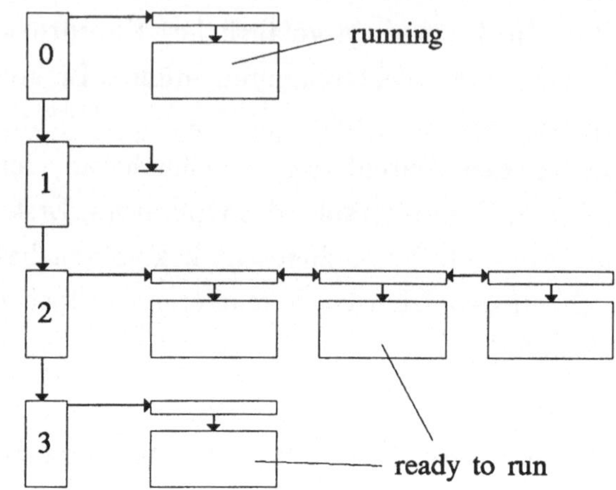

Abbildung 3.17: Priority–based Scheduling

```
long ThreadManagement::schedule (long stackpointer)
{
    ...
    if (actualthread ==
            ready_queues[actualqueue].first->thread)
    {
        ready_queues[actualqueue].unlink ();
        ready_queues[actualthread->getprior()]
           .link (actualthread);
    }
    for (queuenr = 0; queuenr < 16; queuenr++)
        if (ready_queues[queuenr].first != NULL)
        {
            actualqueue  = queuenr;
            actualthread = ready_queues[queuenr]
                .first->thread;
            break;
```

```
        }
    ...
}
```

Im oberen Teil der Funktion findet ein auf mehrere Prioritätsstufen erweitertes Round–Robin–Scheduling nach Zeitscheiben statt. Danach wird die höchst priorste Ready–Queue gesucht, die mindestens einen Thread beinhaltet. Der Thread an der Spitze dieser Queue erhält die CPU.

Interessant ist die zweite Zeile der oberen `if`–Klammer: Der Thread wird nicht zwingend ans Ende der gleichen Ready–Queue gestellt, die er bisher anführte. Es könnte ja sein, daß er inzwischen seine Priorität änderte. Der `ThreadManager` muß deshalb seine Verwaltungsinformationen dem tatsächlichen Threadzustand nachziehen. Diese Lösung bedeutet jedoch, daß eine Prioritätsänderung erst beim nächsten Kontextwechsel (den der Thread jedoch mit `yield()` erzwingen kann) gültig wird.

Analysieren wir die Prozedur bezüglich unserer beiden Forderungen an einen guten Scheduling–Algorithmus. Die zweite Auflage (begrenzte Reaktionszeit) führte dazu, den reinen Round–Robin–Algorithmus für zeitkritische Programme abzulehnen. Priority–based–Scheduling ist dem besser gewachsen: Es würde genügen, den Kessel–Überwachungsthread aus obigem Beispiel auf Prioritätsstufe 0 (der wichtigsten) laufen zu lassen, während sich die anderen Threads auf den Prioritätsstufen 1 bis 15 tummeln. Anbieter von Realzeit–Betriebssystem geben für die Reaktionszeit eines solchen Level–0–Threads exakte Maximalwerte an, die im Bereich von Mikrosekunden liegen.

Die Gerechtigkeit des Systems hängt jedoch an des Kesselthreads Gnaden: Übt er seine Tätigkeit derart aus, daß er blockiert auf einen Interrupt wartet, ist die Sache in Ordnung. Er beansprucht nur bei einem tatsächlichen Ereignis den Prozessor. Erfüllt er seinen Job jedoch durch Polling, also durch laufendes Nachkontrollieren des Kesseldrucks, besitzt er das System für sich allein: Der wichtigste Thread ist immer ready to run und wird immer ausgeführt. Die anderen Threads hingegen warten „ewig“ auf die Zuteilung der CPU: Man sagt, sie verhungern. Überträgt man das Problem auf mehrere Anwenderthreads, die zum Beispiel eine Textverarbeitung, einen Druckerspooler und ein Spiel realisieren, ergibt sich als zwingende Folgerung: Alle diese Threads müssen auf gleicher Prioritätsstufe laufen, da sonst ein oder mehrere Threads ausgesperrt würden. Das bedeutet aber, daß für all diese Programme ein reines Round–Robin–Scheduling auf niedrigster Prioritätsebene ablaufen würde.

Die goldene Mitte: Multilevel–feedback–Scheduling

Eine Lösung des Gerechtigkeitsproblems bietet sich in der Weiterentwicklung des Priority–based Scheduling zum sogenannten „Multilevel–Feedback“ (MLF)–Scheduling. Zwei Wege führen zu diesem Konzept:

- Um sowohl Echtzeit– als auch kommerziellen Anforderungen entgegen zu kommen, wird die Prioritätsskala zweigeteilt: Die höheren Stufen werden rein nach Priority based verwaltet; die niedrigeren Levels sind nach Multilevel–Feedback organisiert.
- Um einen Kompromiß zwischen reinen Rechenaufgaben und interaktiven Threads zu finden, werden die Prioritäten im unteren Teil der Skala dynamisch verwaltet. Wird ein Thread verdrängt, sinkt seine Priorität um eine Stufe. Sorgt er jedoch selbst für seine Suspendierung (zum Beispiel durch blockierende Aufrufe), so belohnt ihn das Betriebssystem für sein nettes Verhalten gegenüber den anderen Threads, indem es seine Priorität erhöht.

Die Threadauswahl erfolgt genau wie beim Priority–based–Scheduling. Bild 3.18 zeigt diese Organisation.

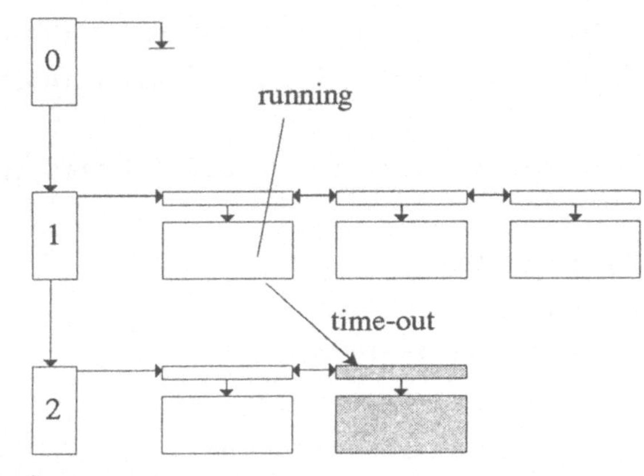

Abbildung 3.18: Multilevel–Feedback Scheduling

Der Algorithmus erfüllt unsere beiden Forderungen gut. Threads, die sehr schnell auf Ereignisse reagieren müssen, können auf den höheren Prioritätsstufen plaziert werden. Sie werden genauso schnell wie bei einem reinen Echtzeitsystem ausgewählt. Die anderen Threads auf den niedrigeren Stufen werden sich selbst auf ein optimales Niveau einpegeln. Threads, die viel Rechenzeit benötigen (z.B. C++–Compiler), sinken im Laufe der Zeit auf die niedrigste Stufe ab und laufen nur dann, wenn andere Threads blockiert sind — also quasi im Hintergrund. Threads hingegen, die ständig selbst blockieren (z.B. Shells, die die meiste Zeit auf Tastatureingaben warten), steigen in der Hierarchie langsam nach oben. Der Anwender wird das System als schnell erleben, da seine Eingaben und Kommandos zügig bearbeitet werden.

OMT sieht die Prioritätsstufe 0 für reines prioritätsgesteuertes Scheduling vor. Alle anderen Stufen stehen für Multilevel–

Feedback–Scheduling zur Verfügung. Die Implementierung des Algorithmus erfolgt nicht mehr in der Methode **schedule()**, da der Scheduler der gleiche bleibt wie beim Priority–Based–Scheduling. Variiert werden vielmehr die Methoden **ready()**, die das Aufsteigen der Threads erlaubt, und **yield()** zum Verringern der Priorität:

```
void ThreadManagement::ready (Base *thread,int preempt)
{
    if (thread==NULL)
        return;
    int pr = thread->getprior ();
    if (pr>1) thread->setprior(--pr);
    ready_queues[pr].link (thread);
    if (actualqueue > pr && preempt)
        yield();
}
```

ready() wird aufgerufen, wenn die Transition von blocked nach ready to run erfolgt. Dieser Übergang bedeutet, daß der Thread zuvor suspendiert und nicht verdrängt wurde, was die Methode nach Beseitigung der Blockade durch die Erhöhung der Priorität belohnt.

```
void ThreadManagement::yield (int rrsched)
{
    if (rrsched==yes && actualthread->getprior()>0)
    actualthread->setprior(actualthread->getprior()+1);
    clock_ticks = 0;        // Zeitscheibe beginnt neu
    dispatcher();           // Den Dispatcher aufrufen
}
```

Als Parameter wird **yield()** angegeben, ob die Methode aufgrund von Verdrängung (rrsched = yes) oder freiwillig durch den Thread aufgerufen wurde (default). Im letzteren Fall ändert sich nichts zur bisherigen Version; andernfalls sinkt die Priorität, sofern sie größer als Null ist (Round–Robin in der rein prioritätsgesteuerten Stufe 0 führt nicht zum Absinken des Threads).

`yield()` ist jedoch nicht immer gerecht: Ruft ein Thread die Methode auf, um die CPU freiwillig abzugeben, sollte er eigentlich für sein freundliches Verhalten belohnt werden. Statt dessen bleibt in der oben gezeigten Implementierung seine Priorität konstant. Eine Erweiterung von yield() müßte dem Rechnung tragen, indem es den Thread mit `block()` entfernt und anschließend mit `ready()` wieder in die Ready–Queue befördert, um so die Priorität des Threads um eine Stufe anzuheben.

3.2.5 Kernel Mode und User Mode

Die gezeigten Codeabschnitte haben fast alle einen Fehler, der wohl kaum jemanden aufgefallen ist: Sie sind durch Interrupts unterbrechbar, obwohl sie als Betriebssystem–Kernfunktionen eigentlich *atomar* ablaufen müßten. Es gibt, abhängig von der verwendeten Hardware, verschiedene Techniken, um eine Funktion ununterbrechbar zu gestalten. Die in OMT verwendete Methode greift auf einen Hardwarebaustein, den Interruptcontroller, zu und blockiert alle problematischen Interrupts. Insbesondere ist dies der Timer–Interrupt, weil er einen Kontextwechsel auslösen könnte, während der aktuelle Wechsel noch nicht komplett ausgeführt ist: Ein Systemabsturz wäre die Folge.

Die beiden Funktionen

```
int  KERNELMODE ();
void USERMODE   (int);
```

übernehmen die Sperrung der Interrupts in kritischen Coderegionen, die ununterbrechbar ablaufen müssen. `USERMODE()` hat als Defaultparameter den Wert 0, was die Freigabe aller Interrupts bedeutet. Die Funktionen werden wie im Beispiel eingesetzt:

```
void critical_function ()
{
    int irq_state = KERNELMODE();
// hier folgt der ununterbrechbare Code!
    USERMODE (irq_state);
// ab hier kann wieder ein Threadwechsel erfolgen!
}
```

Es widerspricht den Regeln für das Design eines Betriebssystems, wenn Anwenderthreads derartig mächtige Funktionen benutzen können, da damit das parallele Konzept völlig außer Kraft gesetzt wird. Bei OMT bietet aber die Hardware keinerlei Unterstützung für einen entsprechenden Schutz der Funktionen; deshalb die Mahnung: `KERNELMODE()` und `USERMODE()` sind nur in Systemfunktionen zulässig!

3.2.6 Hochlauf des Systems

Im bisherigen Teil des Kapitels haben wir das Thread-Management im vollen Betrieb kennengelernt. Das Verhalten beim Hochlauf des Systems ist jedoch ebenso interessant, da sich das System quasi wie der Baron Münchhausen am eigenen Schopfe aus dem Schlamm ziehen muß. Folgende Schritte sind zum Starten notwendig:

1. Zunächst wird der Startup-Code (in OMT: die main()-Funktion) aufgerufen. In diesem Programmabschnitt werden alle globalen Variablen und die Hardware initialisiert.

2. Erster Schritt zum Hochlauf des Multithreading-Systems ist das Erzeugen des ThreadManagers. Die Instanz ist jedoch in-

aktiv, da sie noch nicht mit dem Timer–Interrupthandler verbunden ist.

3. Nach dem Wechsel in den Kernel Mode, das heißt nach Abschalten aller Interrupts, wird die Timer–Funktion des ThreadManagers an den Timer–Interrupt gekoppelt. Die Programmierung des Timer–Chips folgt.

4. Schließlich wird der erste Thread, `Idle`, gestartet. Das System verläßt den Kernel Mode und gibt mit dem impliziten `yield()` der `create()`–Methode den Prozessor an den ersten Thread ab. Da der ThreadManager bislang keinen Thread ausgeführt hat, verzichtet er auf das Speichern des bisherigen CPU–Kontextes (der ja keinem Thread zuordbar ist). Die eigentliche Initialisierung ist damit abgeschlossen.

5. Damit auch der Anwender die Chance zum Starten eigener Threads bekommt, definiert OMT einen sogenannten `Main`–Thread. Dessen Klasse ist zwar als Ableitung von `Base` definiert, die Methode `threadcode()` muß jedoch vom Anwender implementiert werden. Hier hat der Anwender Gelegenheit, eigene Initialisierungen und Thread–Starts vorzunehmen. Der `Main`–Thread wird von `Idle` erzeugt.

Die gängigen Systeme arbeiten in dieser Hinsicht sehr ähnlich. Nach dem internen Rücksetzen und der Hardware–Initialisierung wird meist ein Prozeß gestartet (als einzige parallele Ausführungseinheit ohne Vaterprozeß), der die weiteren Benutzerprozesse erzeugt.

Betrachten wir den Code der Initialisierungsfunktion main() abschnittsweise:

```
void main ()
{
```

```
    printf ("OMT  Version 1.2  Copyright (C) 1995\
     Verlag Vieweg\n");
    asm {
        MOV     AX,0x1600
        INT     0x2F
        SUB     AX,0x1600
        OR      AL,AH
        MOV     coprz,AL
    }
    if (coprz)
    {
     printf ("Can't run under Microsoft's Windows.\n");
        exit(0);
    }
```

Im ersten Teil wird geprüft, ob OMT in einer DOS–Box von Windows gestartet wurde – Windows verträgt sich leider nicht mit OMT.

```
// i87 pruefen; Zuweisung ist okay!
    if (coprz = biosequip() & 0x02)
     printf ("x87 numeric extension unit detected.\n");
// IRQs sperren, neue Interrupthandler aufsetzen
    KERNELMODE ();
    oldhandler_1Bh = getvect (0x1b);
    oldhandler_08h = getvect (0x08);
    setvect  (0x1B, break_req);
    setvect  (0x08, clock_adapt);
    atexit   (restore_interrupt);
// den Timer auf Interruptfrequenz 1KHz programmieren
    outportb (0x43, 0x24);
    outportb (0x40, 0xA6);
    outportb (0x40, 0x04);
```

```
// "INDOS"-Adresse wg. DOS-Reentrance--Problemen holen
    asm {
        MOV     AH,0x34
        INT      21h
        MOV      WORD PTR indos,BX
        MOV      WORD PTR indos+2,ES
    }
```

Der zweite Teil der Funktion behandelt PC–spezifische Details. Zunächst stellt das System fest, ob es auch einen Coprozessor im System gibt. Wenn ja, können die Threads Floating–Point–Berechnungen durchführen, aber der Dispatcher muß auch den Kontext der *floating point unit* (FPU) sichern. Die Variable `coprz` zeigt diese Information an. Nach dem Abschalten der externen Interrupts durch `KERNELMODE()`, dem Speichern und Umladen der Sprungadressen für Timer– und Break–Interrupt (der zum sofortigen Ende von OMT führt), wird der Timerchip auf eine Ausgangsfrequenz von 1 KHz justiert. Schließlich wird eine Absicherung bezüglich des Basis–Betriebssystems MS–DOS vorgenommen: Grundsätzlich darf keine DOS–Funktion aufgerufen werden, wenn eine andere DOS–Routine noch in Bearbeitung ist. Das heißt: Nur jeweils ein Thread darf eine DOS–Funktion aufrufen. Andererseits sollen die Threads von diesem Flaschenhals gar nichts merken dürfen, die Zugriffssteuerung muß also transparent erfolgen. Dazu gibt es zwei Wege:

- □ der DOS–Datenbereich könnte bei einem Threadwechsel gerettet werden;
- □ ein Threadwechsel ist nur erlaubt, wenn keine DOS–Funktion in Ausführung ist.

Methode zwei ist sicher nicht die eleganteste Technik, doch am einfachsten zu implementieren: Deshalb wurde sie in OMT angewandt.

```
// OMT--Systemkomponenten erzeugen
    ThreadManager = new ThreadManagement;
    ClockManager  = new SleepClockQueue;
// In den ersten Thread verzweigen
    USERMODE();
    new Idle;
}
```

Der Schluß von main() besorgt das „logische“ Hochfahren von OMT. ThreadManager und ClockManager (den die Threads zur zeitweiligen, Timer–gesteuerten Suspendierung nutzen können) werden erzeugt, das System verläßt den Kernel Mode, startet den `Idle`–Thread und gibt dadurch die Kontrolle an den ersten Thread ab.

Die ersten Threads

Bei allen Scheduler–Realisierungen sind wir davon ausgegangen, daß es immer Threads gibt, die ready to run sind. Was aber, wenn alle Threads eines Systems blockiert sind? Da der Scheduler im Kern eines Systems ununterbrechbar laufen muß, kann die CPU während seiner Ausführung keine Interrupts annehmen. Die blockierten Threads können aber nur durch Ereignisse, also durch Interrupts, geweckt werden: Das System hängt fest.

Es gibt zwei Lösungsansätze:

- Der Scheduler verläßt kurzfristig den Kernmodus und erlaubt so die Annahme etwaiger Interrupts durch die CPU. UNIX verwirklicht diesen Ansatz, doch die Idee ist nicht frei von Problemen bei der Realisierung.

- Die „Vogel–Strauß–Taktik“ ignoriert kurzerhand das Problem. Das kann natürlich nicht heißen, daß eine Endlosschleife in Kauf genommen wird; vielmehr wird sichergestellt, daß immer mindestens ein Thread ready to run ist.

In ihrer Realisierung ist die Vogel–Strauß–Strategie sehr elegant, da sie im Scheduler keinerlei Aufwand verursacht und auch in ihrer restlichen Implementierung denkbar einfach ist. Die Forderung, daß nie alle Threads blockiert sein dürfen, wird durch die Einführung eines „Idle"–Threads gelöst. Dieser Code läuft auf niedrigster Priorität und macht nichts anderes, als die Zeitscheibe in einer Endlosschleife abzugeben. Er ist immer ready to run und kostet zudem kaum Systemresourcen, da er die CPU nur dann erhält, wenn wirklich kein anderer Thread arbeiten darf oder will.

Die Implementierung des Threads erfolgt durch Definition einer neuen Klasse, die von der Basis–Threadklasse `Base` abgeleitet wird:

```
class Idle: public Base
{
public:
    Idle ();

protected:
    virtual void threadcode();
};
```

Die Klassenvereinbarung ist typisch für die Gestaltung eines neuen Threads in OMT: Nur der Konstruktor und der eigentliche Code werden neu definiert.

Die Methoden werden wie folgend aufgebaut:

```
Idle::Idle ()
{
```

```
// 1K Stack, niedrigste Prioritaet
    create  (0x400, 15);
}

void Idle::threadcode ()
{
    new Main;
// In Endlosschleife CPU weitergeben
    while (1)
        ThreadManager->yield (yes);
}
```

Der Konstruktor erfüllt die typische Thread-Initialisierungsfunktion: Er macht den Thread dem Betriebssystem bekannt und vereinbart Stackgröße (hier 1 KByte) und Startpriorität (niedrigste Stufe) des Threads. Die Methode `threadcode()` ist ebenfalls sehr einfach aufgebaut: Sie startet zunächst den `Main`-Thread, der als erstes Anwenderprogramm nach dem Hochlauf gilt (der Idle-Thread wird als einziger Thread direkt vom Startup-Code erzeugt). Danach, sofern der Thread überhaupt Rechenzeit bekommt, gibt er ganz bescheiden die CPU an den nächsten Thread weiter — wenn inzwischen einer ready to run wurde.

Der von `Idle` erzeugte Anwenderthread `Main` ist definiert als:

```
class Main: public Base
{
public:
    Main ();

protected:
    virtual void threadcode();
};
```

Auch `Main` ist ein Erbe von `Base` und definiert die gleichen Methoden wie `Idle`. Sein Konstruktor verschafft dem Thread jedoch allerhöchste Priorität und 16 KByte Stack:

```
Main::Main ()
{
// 16K Stack, hoechste Prioritaet
    create   (0x4000, 0);
}
```

Aufgrund des implementierten MLF–Scheduling ist der Code des Threads nicht verdrängbar. Dies ist sinnvoll, da `Main` bei einem guten parallelen Programm nur Initialisierungsaufgaben wahrnimmt und die eigentlichen Arbeitsthreads erzeugt, um danach zu terminieren. Diese „parallele Hauptfunktion“ wird in `threadcode()` vom Anwender realisiert: Die Methode ist in OMT nicht implementiert, analog zur `main()`–Funktion in einer C–Runtime–Library.

3.3 Zusammenfassung

Im dritten Kapitel haben wir die Funktion und den Aufbau von Programmen kennengelernt. Wir definierten den Begriff Prozeß als „Program in use“. Aufgabe eines Betriebssystems ist die Verwaltung dieser Prozesse. Dazu richtet es neben dem Codesegment einen Stack und einen Datenbereich für jeden Prozeß ein. Neben den prozeßlokalen Variablen gehören dazu auch Betriebssysteminformationen. Die Gesamtheit aller Informationen, die den Prozeß beschreiben (einschließlich des aktuellen Maschinenstatus), heißt Kontext des Prozesses.

Threads sind abgespeckte Prozesse, die zwar über einen eigenen Stack und eigene Verwaltungsvariablen verfügen, jedoch im Datenbereich des übergeordneten Prozesses agieren. Durch ihre einfachere

Handhabung eignen sie sich besonders zur Parallelisierung von Programmen. Eine Textverarbeitungssoftware wird zum Beispiel einen Thread für die Texteingabe, einen anderen Thread als Druckerspooler etc. einsetzen.

Um die Gerechtigkeit bei der Zuteilung von Systemressourcen sicherzustellen, dienen Warteschlangen (Queues) nach dem First in, First out (FIFO)–Prinzip als Grundlage der meisten Betriebssystemdienste. Die Threads und Prozesse werden dabei in Ready–Queues verwaltet. Der erste Thread einer Ready–Queue bekommt die CPU zur Ausführung seines Codes zugeteilt.

Um verschiedenen Ansprüchen und Aspekten bei der Verteilung der Rechenzeit gerecht zu werden, gibt es eine Anzahl von Scheduling–Algorithmen. Der wichtigste ist der Multilevel–Feedback–Algorithmus, der die Prioritäten der Threads dynamisch an ihren Bedarf an CPU–Leistung anpaßt. Die entsprechende Systemkomponente, der Scheduler, arbeitet im Zusammenhang mit dem Dispatcher, der das Retten und Laden des Maschinenkontextes der Threads besorgt.

Die C++–Implementierung sieht eine Klasse `Base` für die Threads vor, deren Methoden und Eigenschaften an Benutzerprogramme vererbt werden kann. Der `ThreadManager` implementiert den Scheduler und einige weitere Betriebssystemdienste zur Steuerung der Threads wie `end()` zum Beenden eines Threads, `block()` zum Suspendieren oder `yield()` zur Auslösung eines Kontextwechsels.

Kapitel 4

Thread–Kommunikation

Eine parallele Applikation wird erst „lebendig", wenn ihre Threads nicht „jeder für sich" werkeln, sondern miteinander verknüpft an einer Aufgabe arbeiten. Im Gegensatz zu normalen Programmkomponenten, die über Funktionsaufrufe assoziiert werden, müssen Threads dabei auf spezielle Betriebssystemstrukturen zurückgreifen. Die wichtigsten sind die Semaphore zur Sicherstellung des gegenseitigen Ausschlusses, die Signale zur Synchronisation und die Botschaften zum Austausch von Daten.

4.1 Asynchrone Threads

Das Ergebnis des dritten Kapitels ist ein kompaktes Multithreading–System, das ein ausgewogenes Scheduling zur Verfügung stellt. Wir können mehrere Threads ausführen und so Problemstellungen mit parallelen Algorithmen lösen. Die Threads laufen dabei asynchron, das heißt, sie haben nur begrenzten Einfluß auf die Reihenfolge ihrer Ausführung — schließlich ist das Sache des Schedulers. Wie so oft ergibt sich auch dadurch ein Problem: Die

Threads könnten um Betriebsmittel, zum Beispiel um Drucker oder Arbeitsspeicher, konkurrieren und sich gegenseitig stören.

4.1.1 Das Problem des Gegenseitigen Ausschlusses

Dazu ein Beispiel: Mehrere Threads berechnen eine Tabelle, wobei je eine Zeile von einem einzelnen Thread aufgebaut wird. Die fertigen Zeilen werden zeichenweise an einen Drucker geschickt:

```
Wert 1  (#0)            Wert 2 (#0)
Wert 1  (#1)            Wert 2 (#1)
...
```

Der Eintrag in Klammern gibt an, welcher Thread diese Ausgabe bewirkt hat.

Druckt Thread 0 gerade seine Zeile aus, kann es vorkommen, daß seine Zeitscheibe abgelaufen ist und er die CPU an Thread 1 weitergeben muß. Thread 1 beginnt ebenfalls mit seinem Ausdruck, schafft aber sowohl Wert 1 als auch Wert 2. Danach ist wieder Thread 0 an der Reihe: Er vervollständigt seine Ausgabe. Auf dem Papier ergibt sich folgendes Bild:

```
Wert 1  (#0)            Wert 1 (#1)
Wert 2  (#1)            Wert 2 (#0)
...
```

Offenbar ist die Funktion zum Ausdrucken ein *kritischer Abschnitt* in der Software: Hier können Threads in Konkurrenz zueinander treten und Fehler erzeugen.

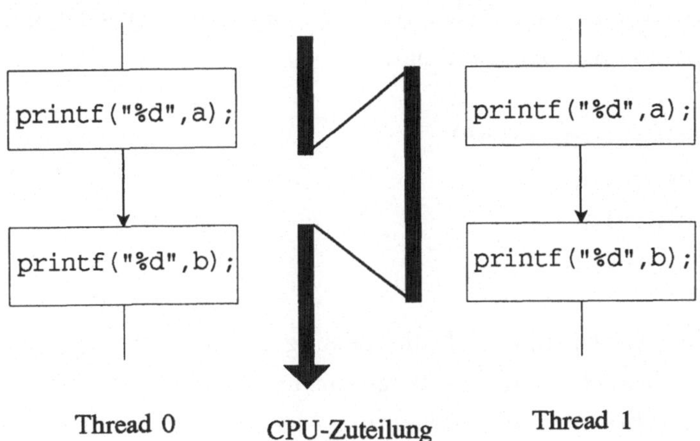

Abbildung 4.1: Threadwechsel führt zur fehlerhaften Ausgabe

Das Bild 4.1 zeigt, wie durch den Threadwechsel der fehlerhafte Ausdruck zustande kommt. Notwendig ist ein Mechanismus, der für den gegenseitigen Ausschluß der Threads sorgt — ein Schiedsrichter, der jeweils nur einer bestimmten Anzahl von Threads (zum Beispiel einem) die Ausführung des kritischen Codes erlaubt.

Es gab in der Entwicklung der Betriebssysteme verschiedene Ansätze zur Lösung. Einer davon ist ein Zugriffsrecht, daß jeweils einem Thread zugeordnet wird. Nur der Thread, der im Besitz des Zugriffsrechtes ist, darf drucken. Was passiert aber, wenn der Thread gar nicht drucken will? Er muß entweder das Recht weitergeben (kostet zusätzliche CPU–Zeit) oder es einfach nach dem Motto behalten, man wisse nie, wozu man es mal brauchen könne (alle anderen Threads warten bis zum Sankt Nimmerleinstag). Diese Lösung ist offensichtlich ungeeignet.

Besser ist eine globale Anzeige, ob die Ressource schon in Benutzung ist. Eine Variable **prn** gibt an, ob der Drucker in Benutzung ist (prn = yes) oder nicht. Mit dem folgenden Anweisungen leiten die Threads ihre Ausgabe ein:

```
while (prn == no);
prn = yes;
print();
prn = no;
```

Auf den ersten Blick ist die Lösung zufriedenstellend: Wer den Drucker braucht, wartet solange, bis er frei wird, und nimmt ihn in Beschlag. Bei genauer Betrachtung ergeben sich mehrere Probleme:

- Der Algorithmus ist nicht sicher: Wenn Thread 0 genau zwischen Abschluß der while()-Schleife und dem Belegungsstatement unterbrochen wird und ein anderer Thread genau den gleichen Code ausführt, wähnen sich wiederum beide Threads im Besitz des Druckers.
- Der Algorithmus ist ineffizient: Die Threads benötigen zur Bearbeitung der while()-Schleife genauso CPU-Zeit wie für alle anderen Aktionen (sog. aktives Warten), die anderen Threads bei der Ausführung des „richtigen“ Programmes fehlt.
- Der Algorithmus ist ungerecht: Nicht der, der am längsten gewartet hat, bekommt den Drucker, sondern der, der nach der Freigabe vom Scheduler ausgewählt wird. Das Erreichen des Druckers ist bei vielen druckenden Threads reine Glücksache.

Die Kritik an obigem Algorithmus kann direkt als Forderungskatalog an eine funktionierende Methode gelten, die von Djikstra in den *Semaphoren* gefunden wurde.

4.1.2 Semaphore

Die Definition der Semaphore sieht zwei Basisoperationen vor, die von ihrem Erfinder, E.W.Djikstraa, `p()` und `v()` genannt wurden.

Die p–Operation wird von einem Thread vor einem kritischen Abschnitt ausgeführt. Nach der Beendigung der p–Operation ist der gegenseitige Ausschluß gewährt. Um anzuzeigen, daß ein Thread einen kritischen Abschnitt beendet hat, wird die v–Operation durchgeführt. Hat ein Thread `v()` durchgeführt, darf der nächste Thread den kritischen Abschnitt betreten.

Die Semaphore selbst sind durch eine Variable dargestellt, die in der allgemeinsten Form positive Werte inklusive Null annehmen kann. Die p–Operation macht folgendes: Ist das Semaphor größer Null, so wird es dekrementiert; im anderen Fall blockiert der aufrufende Thread:

```
void p()
{
    if (semaphor > 0)
        semaphor--;
    else
        block_thread();
}
```

Die v–Operation arbeitet dazu umgekehrt. Ist ein Thread aufgrund einer p–Operation auf das Semaphor blockiert, so wird er geweckt; andernfalls wird das Semaphor inkrementiert:

```
void v()
{
    if (thread_is_blocked)
        wake_thread();
```

```
    else
        semaphor++;
}
```

Bild 4.2 zeigt, wie im Beispiel der ausdruckenden Threads der gegenseitige Ausschluß durch die Semaphore sichergestellt wird.

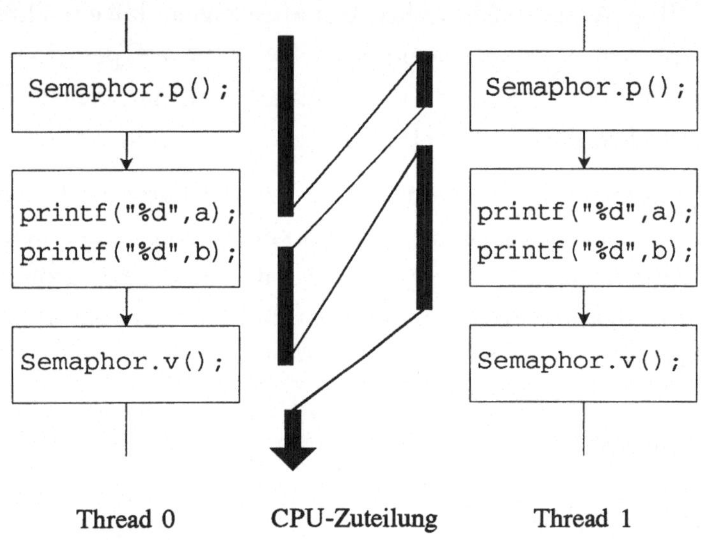

Abbildung 4.2: Gegenseitiger Ausschluß durch Semaphore

Thread 0 durchläuft als erster die p–Operation, die ununterbrechbar ist. Nach dem Ausdruck des ersten Wertes wird er verdrängt; Thread 1 erhält die CPU. Auch er führt p aus, doch da das Semaphor inzwischen den Wert Null hat, wird der Thread blockiert. Thread 0 kann seine Ausgabe vollenden und führt v auf das Semaphor aus. Dies weckt, da ein Element in der Queue enthalten ist, Thread 1 auf, der seine Ausgabe beginnt. Der Wert des Semaphors bleibt jedoch unangetastet, so daß ein dritter Thread in der p–Operation ebenfalls blockieren würde! Das abschließende v() von Thread 1 setzt das Semaphor wieder auf 1, da kein weiterer

Thread in der Queue wartet: Der Zutritt zum kritischen Abschnitt ist wieder geöffnet.

Drei Punkte müssen bei der Implementierung beachtet werden:

- Der Initialwert des Semaphors entscheidet, wieviele Threads gleichzeitig einen kritischen Abschnitt betreten dürfen. Meistens — wie bei unserem Beispiel — wird das Semaphor auf Eins gesetzt (Eine weniger allgemeine Art der Semaphore, die *binären* Semaphore, sind für diesen Zweck konzipiert — sie kennen nur die Werte Null und Eins).
- Die Operationen p und v sind als *atomare Funktionen* definiert, das heißt, sie können nicht unterbrochen werden. Als Folgerung daraus ergibt sich, daß die p() und v()-Implementierungen im Kernel Modus ablaufen müssen.
- Um die suspendierten Threads gerecht verwalten zu können, ist jedem Semaphor eine FIFO-Queue zugeordnet. Das Blockieren der Threads erfolgt durch Ausketten der Instanz aus ihrer Ready-Queue und Einfügen in die Semaphor-Queue; das Aufwecken übergibt den ersten Thread der Warteschlange zurück an den `ThreadManager`.

Aus dem dritten Punkt ergibt sich ein Hinweis zur konkreten Realisierung in C++. In Kapitel 3 hatten wir eine Klasse `Queue` definiert, die wir nun für die Semaphore verwenden können: Ein Semaphor ist eine spezielle Art der FIFO-Queues.

```
class Semaphor:public Queue
{
private:
    int semaval;
public:
```

```
    Semaphor (int sema_init=1);
    void p   ();
    void v   ();
};
```

Abbildung 4.3 zeigt, wie die Semaphore im Objektmodell von OMT angesiedelt sind.

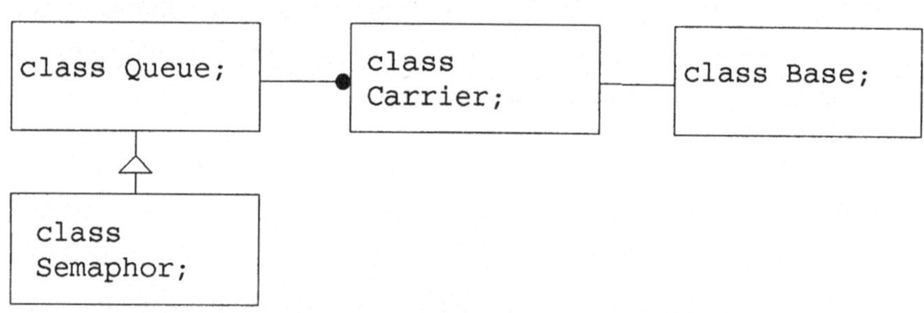

Abbildung 4.3: Objektmodell für Semaphore

Die konkrete Implementierung kann wie folgend aussehen:

```
void Semaphor::p ()
{
    int irq = KERNELMODE();

    if (semaval)
        semaval--;
    else
    {
        link (ThreadManager->block ());
        ThreadManager->yield ();
    }
    USERMODE (irq);
}
```

```
void Semaphor::v ()
{
    int irq = KERNELMODE();

    if (first != NULL)
        ThreadManager->ready (unlink());
    else
        semaval++;
    USERMODE (irq);
}
```

Beide Methoden sind durch Aufrufe zur Sicherstellung der Ununterbrechbarkeit eingerahmt. `p()` prüft zunächst `semaval` und dekrementiert die Variable, falls ihr Wert größer als Null war. Im anderen Fall wird der aktuelle Thread im `ThreadManager` blockiert und in die eigene Queue eingefügt. `v()` führt die Operation im Rückwärtsgang aus: Ist der Zeiger auf das erste Queue–Element gleich Null, so ist die Queue leer — das Semaphor wird inkrementiert. Andernfalls wird der erste Thread aus der Queue entfernt und dem `ThreadManager` zur Ausführung übergeben.

Im Konstruktor wird nurmehr die Queue initialisiert und das Semaphor auf seinen Startwert gesetzt, den der Konstruktor als Parameter erhält:

```
Semaphor::Semaphor (int sema_init)
          :Queue (), semaval(sema_init)
{}
```

4.1.3 Monitore

Semaphore bilden ein sicheres, gerechtes Mittel zur Gewährleistung des gegenseitigen Ausschlusses, doch ihre Handhabung ist fehlerträchtig, da der Programmierer jede kritische Stelle im Programmtext erkennen und absichern muß. Auch darf er die Reihenfolge der Semaphoroperationen nicht verwechseln. Eine Kapselung der Zugriffe ist deshalb sinnvoll.

In der Betriebssystemtheorie gibt es ein Compiler–Konstrukt, den *Monitor*, der den Zugang zu einer Sammlung von Funktionen für den Aufrufer transparent über Semaphore absichert. Ein Monitor gestattet einem Programm nur dann den Zutritt zu den Funktionen, wenn kein anderes Programm eine der Monitorroutinen ausführt. Der Zugriff zum Beispiel auf eine Datenbank kann so mit zwei Funktionen eines Monitors wirksam abgedichtet werden:

```
begin monitor
{
    struct data database[1024];

    void put (struct data satz)
    {
        ...
    }

    struct data get (void)
    {
        ...
    }
}
```

Die obige Darstellung ist nur als Pseudocode zu verstehen. Sie definiert einen Monitor, der aus einer Datenbank `database` und zwei

Zugriffsfunktionen `put()` und `get()` besteht. Informationen können aus der Datenbank nur entnommen bzw. zu ihr hinzugefügt werden, indem die Zugriffsfunktionen benutzt werden. Diese werden vom Compiler so übersetzt, daß sie in ihrem Eingangs- und Ausgangscode jeweils eine p- und eine v-Operation auf ein gemeinsames, Monitor-immanentes Semaphor ausführen.

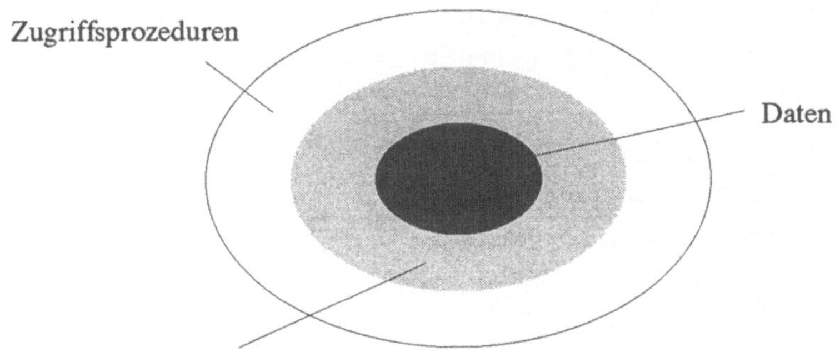

Abbildung 4.4: Monitore bieten zweifache Kapselung

Neben der Kapselung der Daten in die Zugriffsfunktionen erfolgt eine zweite Kapselung, die die einzelnen Monitorprozeduren hinter einer Zugangskontrolle zur Sicherstellung des gegenseitigen Ausschlusses verbirgt (Abbildung 4.4). Ein Monitor ist somit ein um Mechanismen zur Steuerung von Konkurrenzsituationen erweitertes Objekt.

Leider kennt C++ das Monitorkonzept nicht. Doch ergibt sich durch den Einsatz einer Monitor*klasse* eine gute Annäherung an den klassischen Monitor, mit der Einschränkung, daß die Semaphor-Aufrufe zu Beginn und am Ende einer Zugriffsfunktion durch den Entwickler der Klasse vorgenommen werden müssen. Die Fehlerrate ist durch die Konzentration der notwendigen `p()` und `v()`-Statements auf die Klassenmethoden dennoch deutlich reduziert.

Das obige Beispiel könnte, in C++ implementiert, wie folgend aussehen:

```
class database_monitor
{
public:
    database_monitor();  // Konstruktor
    struct data get (void);
    void        put (struct data satz);

private:
    struct data database[1024];
    Semaphor monitor_mutex;
};
```

Durch die `private`-Definition der eigentlichen Datenbank ist sichergestellt, daß ein Benutzer nur über die dafür vorgesehenen Methoden `get()` und `put()` Zugriff erhält. Die Implementierung der Methoden muß für den gegenseitigen Ausschluß sorgen:

```
void database_monitor::put (struct data satz)
{
    monitor_mutex.p();
    ...                    // Info schreiben
    monitor_mutex.v();
}

struct data database_monitor::get ()
{
    struct data tmp;       // Zwischenspeicher
    monitor_mutex.p();
    ...                    // Info nach tmp lesen
    monitor_mutex.v();
```

```
    return tmp;
}
```

Unter Umständen kann es notwendig sein, daß ein Thread innerhalb eines Monitors blockiert, zum Beispiel weil ein angeforderter Datensatz noch nicht in der Datenbank enthalten ist. Wie die Blockierung im einzelnen erfolgt, ist an dieser Stelle nicht interessant. Wichtig ist vielmehr die Tatsache, daß der blockierende Thread das Monitor–globale Semaphor freigeben muß, um anderen Threads die Möglichkeit zu geben, den fehlenden Eintrag zu ergänzen und ihn zu wecken. So kann nach der Suspendierung ein zweiter Thread den Monitor betreten und den schlafenden Thread implizit wecken, indem er den fraglichen Datensatz einfügt. Damit befinden sich zwei aktive Threads innerhalb des Monitors!

Um zu verhindern, daß der geschilderte Umstand das Monitorkonzept sprengt, gibt es zwei Ansätze:

- Derjenige Thread, der den schlafenden Kollegen weckte, muß sofort den Monitor verlassen;
- der erweckte Thread muß erneut das Monitor–Semaphor belegen.

Welche der beiden Möglichkeiten eingesetzt wird, hängt nicht zuletzt von der konkreten Situation und der gewählten Programmiersprache ab.

Mit der Einschränkung, daß die Realisierung des gegenseitigen Ausschlusses nicht automatisch erfolgt, ist das Monitorkonzept damit für C++–Anwendungen realisiert. Ein gutes objektorientiertes Programm wird Datenbanken oder andere Systemressourcen sowieso in eigenen Klassen darstellen, so daß deren „Parallelisierung“ durch Hinzufügen eines Semaphors keinen großen Änderungsaufwand bedeutet. Die Software wird dadurch klarer strukturiert und letztlich sicherer. Optimal wäre darüber hinaus der Einsatz einer Programmiersprache, die die Pseudomonitore von C++ durch echte Monitore ersetzt und durch Compilertechnik die Durchsetzung des gegenseitigen Ausschlusses erzwingt.

4.1.4 Deadlocks

Semaphore bieten eine gute Möglichkeit, asynchrone Threads aufeinander abzustimmen, um mehrfache Zugriffe auf Systemressourcen zu verhindern. Wie bei allen anderen blockierenden Methoden zur Kommunikation, die wir im weiteren Verlauf des Kapitels kennenlernen werden, gibt es aber eine Stolperfalle: die sogenannten Deadlocks oder Verklemmungen. Unter einem Deadlock versteht man, wenn ein Thread auf ein Betriebsmittel wartet, das ein anderer Thread innehat. Dieser Thread ist jedoch blockiert, weil er auf ein Betriebsmittel des ersten Threads wartet: Die beiden Programmteile warten jeweils auf den anderen Thread. Die Grafik 4.5 verdeutlicht dies.

Das Problem kann sich natürlich auch auf mehrere Threads erstrecken. Als Faustregel gilt: Kann mit den Threads, den Betriebsmitteln und den jeweiligen Zugehörigkeiten und Anforderungen in einer graphischen Darstellung nach obigem Muster ein Kreis gebildet werden, so liegt ein Deadlock vor. Bei komplexen Systemen kann diese Analyse der aktuellen Situation recht aufwendig werden.

Wie können Deadlocks zustande kommen? Betrachten wir dazu die folgenden Threadimplementierungen:

```
void Thread_A::threadcode ()
{
    semaphor0.p();
    semaphor1.p();
```

```
}

void Thread_B::threadcode ()
{
    semaphor1.p();
    semaphor0.p();
}
```

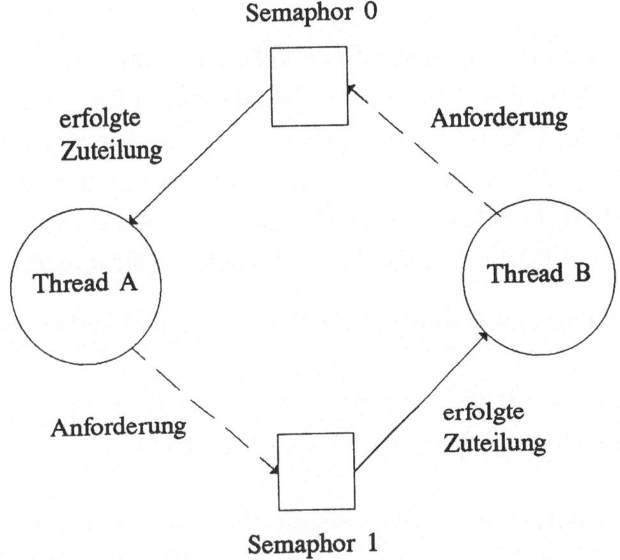

Abbildung 4.5: Eine Deadlock–Situation mit zwei Threads

Wird der Code des Threads A ohne Unterbrechung durchgeführt, gibt es keine Probleme. Die Schwierigkeiten treten dann auf, wenn Thread A zwischen der Belegung der Semaphore 0 und 1 von Thread B verdrängt wird. Thread B fordert als erstes Semaphor 1 an, was auch möglich ist. Als nächstes belegt der Thread das Semaphor 0, auf das bereits Thread A die p–Operation ausgeführt hat. Thread B wird deshalb blockiert, die CPU wird erneut Thread A zugeteilt. Dessen p–Operation auf Semaphor 1 blockiert den Thread, da Semaphor 1 schon an B zugeteilt ist: Der Kreis ist geschlossen, die Threads sind verklemmt.

Aus dem Beispiel lassen sich einige wichtige Erkenntnisse über Deadlocks ableiten:

- Mehrere blockierende Aufrufe in einem Thread können zum Deadlock führen, wenn der Thread zwischen den Operationen verdrängt wird.
- Die Entstehung eines Deadlocks ist nicht immer vorhersagbar, denn die Situation im Beispiel muß nicht unbedingt zum Deadlock führen. Die Zuweisung eines Betriebsmittels läßt sich damit in zwei Kategorien einteilen: Sichere Zuteilungen sind problemlos; unsichere Aktionen *können* zum Deadlock führen. Unser Beispiel ist eine solche unsichere Zuweisung.
- Die Threads können einen Deadlock nicht selbst erkennen.

Es gibt insgesamt vier Bedingungen für die Entstehung von Deadlocks, die sich aus dem oben Gesagten ergeben:

1. Begrenztheit eines Betriebsmittels: Nur eine bestimme Anzahl von Threads (z.b. einer) können ein Betriebsmittel belegen.
2. Mehrfachanforderungen: Ein Thread darf mehrere Betriebsmittel anfordern und belegen.
3. Freigabe durch Thread: Die durch einen Thread belegten Betriebsmittel können nur durch den Thread selbst freigegeben werden.
4. Zyklisches Warten: Der Betriebsmittelgraph (siehe Abbildung 4.5) bildet einen Kreis.

Die Lösungsansätze für Deadlocks gliedern sich in drei Kategorien und versuchen meist, eine der genannten Bedingungen zu umgehen.

Der erste Ansatz wird in [6] der „Vogel–Strauß"–Algorithmus genannt. Tanenbaum schlägt vor, die Deadlocks einfach zu ignorieren. Auf den ersten Blick mag das keine gute Idee sein, doch ist in vielen Systemen die Methode aus Sicht des Kosten–Nutzen–Verhältnisses ausgesprochen günstig. Gerade in einem Thread–System werden die Threads meist kooperierend aufgebaut, das heißt der Programmierer von Thread A hat Kenntnis vom Aufbau von B und berücksichtigt dieses Wissen bei seiner Arbeit. Es ist für ihn ein leichtes, Thread A wie folgend zu implementieren:

```
void Thread_A::threadcode ()
{
    semaphor1.p();
    semaphor0.p();
}
```

Das Deadlock–Problem ist schon gelöst, ohne daß das System Maßnahmen zur Erkennung oder Beseitigung ergreifen muß. Die Einführung von Entwicklungskonventionen kann so viele Probleme frühzeitig beseitigen.

Soll die Fehlersicherheit des Systems erhöht werden, muß das Betriebssystem selbständig Deadlocks vermeiden oder beseitigen.

Eine Vermeidungsstrategie wird jede Betriebsmittelanforderung dahingehend bewerten, ob sie zu einem Deadlock führen könnte oder nicht. Wird die Anforderung als unsicher betrachtet, wird sie abgelehnt. Der Algorithmus ist durch seine Analogie zur Kreditvergabe eines Geldinstitutes auch als Bankieralgorithmus bekannt. Das System versucht so, die vierte Bedingung (Ringbildung) zu verhindern.

Angriffspunkt für eine andere Methode ist der Punkt zwei. Die Idee lautet einfach: Jeder Thread muß zu Beginn seinen kompletten Betriebsmittelbedarf beim System anmelden und bekommt sie auch sofort zugeteilt. Damit ist die Möglichkeit der Verdrängung zwischen zwei Anforderungen, die in unserem Beispiel zum Deadlock führte, nicht mehr gegeben. Allerdings ist diese Technik alles andere als effizient, da sämtliche Betriebsmittel eines Threads während der vollen Lebensdauer des Threads belegt sind. Berechnet ein Thread eine aufwendige Tabelle (dauert zwei Stunden), um sie dann auf einem Laserdrucker auszugeben (dauert fünf Minuten), ist der Drucker zu 96% unausgelastet, ohne daß andere Threads ihn benutzen könnten. Zudem ist es vielfach schwierig, schon beim Start eines Threads dessen Bedarf festzustellen: Ein Thread, der einen Text verarbeitet, müßte anstatt mit einer dynamischen Liste mit einem Array fester Länge arbeiten.

Die letzte Gruppe der Deadlock-Verarbeitungsmethoden bekämpft bereits aufgetretene Verklemmungen. Die einfachste Technik ist, einen der beteiligten Threads brutal „abzuschießen“ und ihn danach neu zu starten. Bei der Auswahl des Threads muß auf etwaige Seiteneffekte beim Wiederanlauf des Threads geachtet werden. So kann eine Berechnung, deren Input oder Ergebnis nicht vom momentanen Systemzustand abhängt, problemlos neu gestartet werden. Aktualisierte der Thread hingegen zum Beispiel eine Datenbank, führt der Neustart zur doppelten Eintragung.

Besser ist es deshalb, den Deadlockkreis durch die Freigabe von Betriebsmitteln zu durchbrechen. Das könnte zum einen das Betriebssystem leisten, indem es den Threads die Betriebsmittel aktiv entzieht. Die Realisierung des Konzeptes ist aber aufwendig und schwierig; einfacher ist es, wenn die Threads selbst für die Auflösung des Ringes sorgen. Dazu werden die Semaphoroperationen durch ein *Ergebnis* erweitert, das den Abbruch der Operation nach einer bestimmten Zeitspanne anzeigt (time–out). Thread A aus dem obigen Beispiel könnte so mit folgenden Anweisungen für die Deadlock–Auflösung sorgen:

```
void Thread_A::threadcode ()
{
    semaphor0.p();
    while (semaphor1.p()==TIMEOUT)
    {
        semaphor0.v();
        semaphor0.p();
    }
}
```

Die Entstehung eines Deadlocks und damit die zeitweilige Blockierung der Threads wird zwar in Kauf genommen, aber durch die freiwillige Abgabe des Semaphors 0 aufgelöst.

4.2 Die Notwendigkeit des Datenaustausches

Semaphore bieten eine gute Möglichkeit zum gegenseitigen Ausschluß, zur Steuerung von Konkurrenzsituationen. Ein Multiuser-System könnte – unter der Voraussetzung, daß mehrere Benutzer unabhängig voneinander jeweils einen Prozeß starten können – damit bereits implementiert werden. Doch bedeutet Multithreading noch mehr: Die Threads arbeiten zusammen an der Ausführung eines Algorithmus. Es entsteht eine Art Programmverbund, ähnlich einer Gruppe, die Teamwork vollzieht.

Wie bei einer richtigen Arbeitsgruppe sind gute Kommunikationsmöglichkeiten für den Erfolg der Tätigkeit unerläßlich. So können Software-Entwickler nur an einem großen Projekt zusammenarbeiten, wenn sie ständig die Schnittstellen zwischen ihren Arbeiten besprechen und klären. Störungen in dieser Kommunikation (zum Beispiel weil sie alles mit dem Vertrieb absprechen müssen) können den Fortgang der Entwicklung empfindlich behindern.

Bei einem Computersystem, das mehrere Threads parallel zur Lösung einer Aufgabe ausführt, verhält es sich ähnlich. Den Threads muß es möglich sein, miteinander Daten auszutauschen, oder sich zu synchronisieren (die Beispiele zeigen das später). Leicht kann das Kommunikationssystem jedoch zum Flaschenhals bei der Threadausführung werden. Die Realisierung geeigneter Konzepte, die einfach und effizient ihre Aufgabe bewältigen, erfordert deshalb besondere Überlegungen.

In diesem Kapitel werden wir zwei Möglichkeiten zur Threadkommunikation besprechen. Die *Signale* können gut zur Synchronisation eingesetzt werden, wenn zum Beispiel ein Thread erst auf den Abschluß der Arbeit eines anderen Threads warten muß. *Botschaften* dienen dem tatsächlichen Datenaustausch zwischen Threads. Für viele Algorithmen kann es sinnvoll sein, die Arbeit auf mehrere Threads aufzuteilen. So können die Threads gleichberechtigt je eine andere Teilaufgabe bewältigen (Teammodell). In einer anderen Applikation könnte es hingegen einen Verteiler-Thread geben, der die Rechenaufträge gleichmäßig auf mehrere „Arbeiter"-Threads vergibt. Ein drittes Modell bildet die Pipeline-Organisation: Ein Thread erhält seine Eingangsdaten von einem vorgeschalteten Thread und gibt seine Ergebnisse an einen nachfolgenden Thread weiter. Die für alle drei Modelle notwendigen Datenströme können über Botschaften verteilt werden. Wir werden uns zwei verschiedene Realisierungen dieses Konzeptes ansehen.

Wie [6] in verständlicher Weise zeigt, können die vorgestellten Kommunikationsmethoden äquivalent zu Semaphoren eingesetzt bzw. auf Semaphoren basierend implementiert werden. Die vorgestellten Realisierungen verwenden sie zum Teil für verschiedenen Zwecke, so daß die Semaphore durchaus als Basisoperationen angesehen werden können.

4.2.1 Signale

Signale dienen weniger zur Datenübertragung, als zur Zustandsinformation. Sie sind kein typisches Kommunikationsverfahren, werden aber trotzdem in vielen System zur Verfügung gestellt.

Ähnlich wie bei den Semaphoren, gibt es zwei verschiedene Aufrufe. Die Funktion

```
wait();
```

hält die Threadausführung solange an, bis ein anderer Thread den Aufruf

```
signal();
```

ausführt. Warten mehrere Threads durch `wait()` auf ein Signal, so werden *alle* Threads durch `signal()` geweckt. Wird `signal()` aufgerufen, ohne daß ein Thread darauf wartet, wird das Signal gespeichert; der nächste `wait()` endet ohne Suspendierung des aufrufenden Threads.

Anwendung

Signale werden in den meisten Fällen zur Synchronisation von Threads eingesetzt. Benutzen zum Beispiel zwei Threads einen gemeinsamen Speicher zum Datenaustausch, können sie sich mit einem Signal die Freigabe des Speichers anzeigen. A sei ein Thread, der den Puffer mit Informationen aus einer Datei beschreibt, Thread B lese den Speicher und gebe seinen Inhalt auf dem Bildschirm aus. Damit kein Unsinn erscheint, muß B solange warten, bis A den Puffer aufgefüllt hat. Ist A fertig, wird B über ein Signal geweckt. Danach wartet A auf ein Signal von B, das die erfolgte Verarbeitung der Daten anzeigt. Erst nach dem Empfang des Signals füllt A erneut den Puffer (Abbildung 4.6).

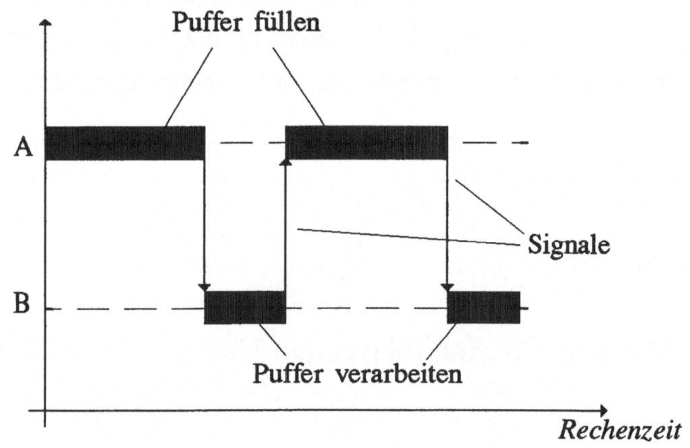

Abbildung 4.6: Synchronisation durch Signale

Eine weitere, interessante Anwendung ergibt sich bei der Bearbeitung von Hardware–Interrupts. In einem System wird eine Kommunikation mit einem anderen Rechner aufgebaut. Ein Thread übernimmt die Aufgabe, die serielle Schnittstelle abzuhören und die empfangenen Daten an den Empfängerthread weiterzuleiten. Damit er wirklich nur CPU–Zeit benötigt, wenn ein Zeichen auf der Leitung liegt, soll er durch einen Interrupt des Schnittstellenbausteins geweckt werden.

Der Thread selbst kann nicht als Interruptroutine fungieren, da er dann im Kontext eines anderen Threads arbeiten würde. Ein solcher Klimmzug ist auch gar nicht nötig. Zur Anzeige, daß ein Zeichen ab-

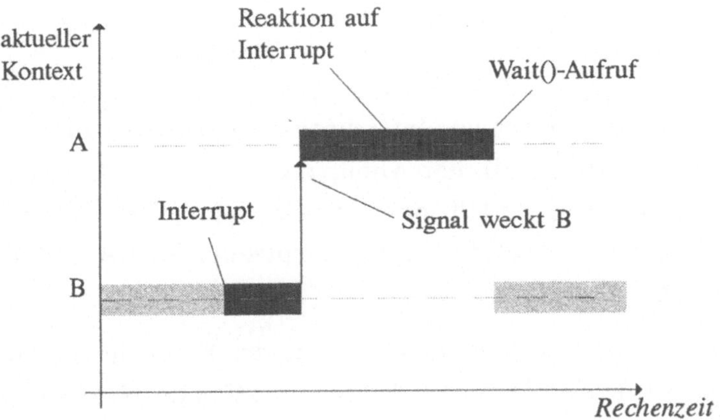

Abbildung 4.7: Interruptverarbeitung durch einen Thread

geholt werden kann, dient ein Signal. Die Interrupt–Serviceroutine macht nichts anderes, als dieses Signal abzusenden.

```
void interrupt com_inthandler (...)
{
    comsig.signal();
}
```

Die Interruptfunktion arbeitet dabei im Kontext des aktuellen Prozesses, wie Abbildung 4.7 zeigt. Der Empfangsthread wird in einer Endlosschleife auf dieses Signal warten, um danach das Zeichen vom Baustein zu lesen:

```
void Empfangsthread::threadcode()
{
    while (1)
    {
        comsig.wait();
        // Zeichen abholen und verarbeiten
```

```
        ...
    }
}
```

Sobald ein Signal durch den Interrupthandler gegeben wird, erwacht der Empfangsthread (in der Abbildung als Thread A verzeichnet) und verdrängt gegebenfalls den aktuellen Thread B. Durch den erneuten Aufruf von `comsig.wait()` suspendiert sich A, sodaß B mit seiner Arbeit fortfahren kann.

Damit kein Zeichen verlorengeht, sollte der Empfangsthread A auf Prioritätsstufe Null laufen — die kurze Aktion der Zeichenverarbeitung hat damit Vorrang vor allen anderen Tätigkeiten des Systems.

Implementierung

In OMT werden Signale durch die Klasse Signals realisiert. Signals ist ein direkter Erbe der Klasse Queue, und ergänzt deren Methoden um die Aufrufe wait() und signal():

```
class Signals:public Queue
{
private:
    int sigflag;

public:
          Signals (void);
    void wait    ();
    void signal  ();
};
```

Bild 4.8 zeigt die Einbindung der Signale in die Klassenhierarchie von OMT. Durch die Vererbung ist Signals eine Klasse, die eine Thread-Liste nach FIFO verwalten kann.

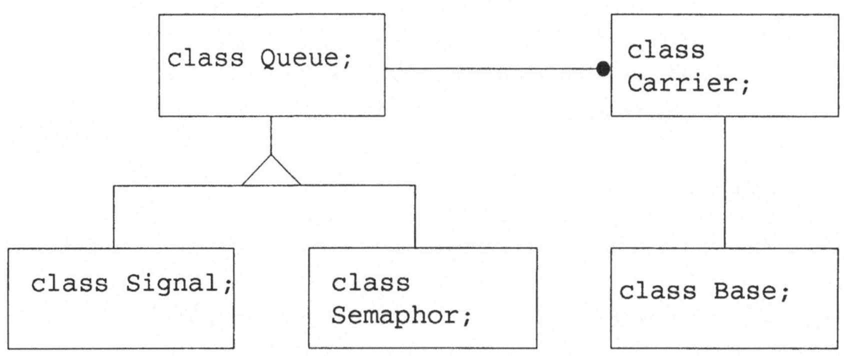

Abbildung 4.8: Ableitungsbaum für Signale

Sehen wir uns die Implementierung der Aufrufe an. **wait()** und **signal()** müssen beide ununterbrechbar, das heißt im Kernel Mode, ablaufen. **wait()** klinkt den aktuellen Thread aus der Ready-Queue im ThreadManager aus und stellt ihn ans Ende der eigenen Queue. **signal()** hingegen meldet alle Threads, die in der eigenen Queue enthalten sind, dem TaskManager als „ready to run".

Mit der Variablen **sigflag** erfolgt das Speichern eines Signals. **wait()** wird, falls **sigflag** ungleich Null ist, nicht zur Blockierung des Threads führen, sondern nur **sigflag** auf Null setzen. Umgekehrt wird bei **signal()** die Variable auf Eins gesetzt, wenn kein Thread auf das Signal wartet, das heißt wenn die zugehörige Thread-Queue leer ist.

Für **wait()** kann folgende Implementierung gelten:

```
void Signals::wait ()
{
    KERNELMODE ();
    if (sigflag)
        sigflag=0;
    else
```

```
    {
        link (ThreadManager->block ());
        ThreadManager->yield ();
    }
    USERMODE ();
}
```

signal() ist etwas umfangreicher, aber auch noch leicht zu verstehen:

```
void Signals::signal ()
{
    KERNELMODE ();
    if (first==NULL)
        sigflag=1;
    else
    {
        sigflag=0;
        while (first != NULL)
            ThreadManager->ready (unlink(), no);
        ThreadManager->yield();
    }
    USERMODE ();
}
```

Der Aufruf von ready() erfolgt mit dem optionalen Parameter no, der ein eventuelles Scheduling nach Einfügen des Threads in seine Ready-Queue verhindert. Dies würde der Ununterbrechbarkeit der Methode widersprechen und hätte Inkonsistenzen zur Folge. Damit aber, nach der Entleerung der Signal-Queue, doch ein Scheduling stattfindet, ist die Zeile yield(); eingefügt. Durch diesen Aufruf gibt der aktuelle Thread (also der Aufrufer von signal()) die CPU an den nächsten Thread weiter: Einer der erwachten Threads kann ausgewählt werden.

Das im nächsten Abschnitt besprochene Programm zeigt eine klassische Anwendungsmöglichkeit für Signale.

Ein Beispiel: Die Speisenden Philosophen

Um einen runden Tisch sitzen fünf Philosophen, deren Leben ausschließlich aus abwechselnden Phasen des Denkens und des Essens besteht. Das Denken kann jeder für sich bewältigen, während zum Essen der materielle Genuß einer Portion Spaghetti und die Anwendung von Gabeln notwendig ist. Vor jedem Philosophen steht deshalb ein Teller; zwischen zwei Tellern liegt je eine Gabel. Die Spaghetti sind jedoch so ölig zubereitet, daß sie nur mit Hilfe zweier Gabeln verspeist werden können. Abbildung 4.9 zeigt die Situation.

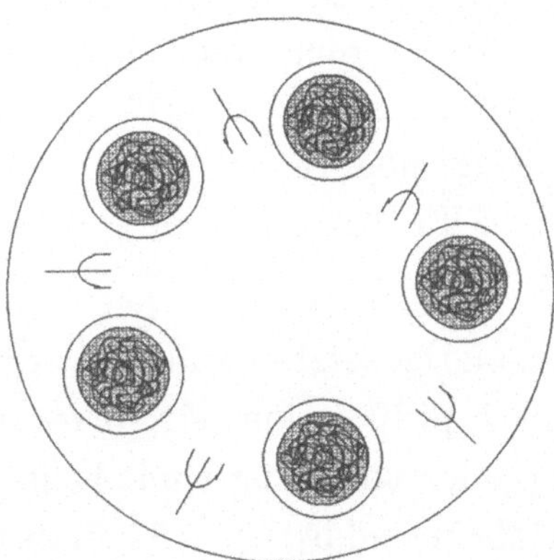

Abbildung 4.9: Sitzordnung der Speisenden Philosophen

Aus dieser Anordnung ergibt sich ein Problem: Was passiert, wenn zwei benachbarte Philosophen hungrig werden? Beide benötigen die zwischen ihnen liegende Gabel, das heißt: Sie müssen um die Gabel streiten, oder, etwas eleganter formuliert, sie konkurrieren um ein Betriebsmittel.

Es gibt verschiedene, qualitativ unterschiedliche Lösungsansätze für dieses Problem. Ein sehr einfacher Algorithmus besteht darin, generell nur einen Philosophen speisen zu lassen. Die oben beschriebene Konkurrenzsituation ist damit vermieden, und der Algorithmus könnte mit einem Semaphor leicht realisiert werden. Doch ist die Effizienz nicht die beste, denn solange keine *benachbarten* Philosophen essen wollen, spricht nichts gegen ein opulentes Gemeinschaftsmahl der versammelten Denker; man sagt, das System wäre sonst nicht *lebendig*.

Mit Hilfe der Signale läßt sich eine bessere Implementierung finden. Die Threads, die je einen Philosophen simulieren, arbeiten hier kooperativ (Teammodell). Für jeden Philosophen gibt es eine Instanz der Klasse Signals und eine Zustandsvariable, die die Werte `thinking`, `hungry` und `eating` annehmen kann. Die Signals und die Zustandsvariablen werden jeweils in einem Array definiert, so daß der Index mit der Nummer des Threads assoziiert werden kann: Philosoph n verfügt über Signal n und Zustand n. Über zwei Makros, LEFT und RIGHT, kann man die Nummer des linken bzw. rechten Nachbarn erfahren.

Wird ein Philosoph hungrig, setzt er zunächst seine Zustandsvariable auf `hungry`. Danach prüft er, ob sein linker und rechter Nachbar ebenfalls `hungry` oder `thinking` sind. Falls ja, wird er selbst `eating`; die beiden Gabeln sind belegt. Aß bereits einer seiner Nachbarn, so führt der hungrige Philosoph `wait()` auf sein Signal aus – er wird im Zustand `hungry` blockiert. Nun der umgekehrte Fall: Ein Philosoph war `eating` und möchte die Gabeln zurücklegen. Der Vorgang an sich ist unkritisch, doch durch die Kooperation wird der Thread kurz in die Rolle des linken und rechten Nachbarn schlüpfen. Der Philosoph setzt sich selbst zunächst auf `thinking`.

Danach prüft er für seinen linken Nachbarn, ob dieser nun essen könnte. Wenn ja, wird er **signal()** auf dessen Signal ausführen: Der Philosoph erwacht. Im dritten Schritt wird die Prozedur für den rechten Philosophen wiederholt.

Die Implementierung erfordert zunächst die Definition der Threadklasse für die Philosophen:

```
class Philosoph:public Base
{
public:
    Philosoph (int idinit=0);
    virtual void threadcode();

private:
    int id;
    void takeforks ();
    void putforks  ();
    void testneigh (int id);
};
```

Die obligatorische Methode **threadcode()** dient wiederum als Einstiegspunkt in den Thread. Interessanter sind die Methoden, die den eigentlichen Zugriffsalgorithmus enthalten. **takeforks()** enthält den Code für den Zustandswechsel von **thinking** nach **eating**, die Methode **putforks()** vollzieht den Schritt zurück. **testneigh()** ist eine Funktion, die zum Überprüfen der Nachbarn auf deren Zustand verwendet wird: Sie ist so universell, daß sie für beide Zustandswechsel brauchbar ist.

Neue Objekteigenschaften gibt es wenig: Nur der Integer **id** wird benötigt. Diese Variable enthält die Nummer des Philosophen und wird beim Erzeugen des Threads als Parameter des Konstruktors übergeben.

Sehen wir uns nun die Implementierung der Objektmethoden an.

```
Signals  *phil [5];    // Signale zum Schlafen/Wecken
Semaphor *mutex;       // "Mutual exclusion" fuer state

// Konstruktor der Philosophen-Tasks: Einstellen der
// ID, der Prioritaet und des Stacks (4 KBytes)

Philosoph::Philosoph (int idinit)
          :id(idinit)
{ create   (0x1000, 5); }



// Thread-Hauptroutine: vollzieht die Wechsel von
// Denken zu Essen und zurueck
void Philosoph::threadcode ()
{
    while (1)
    {
        ClockManager->sleep (rand()%1000+500);
        takeforks ();
        ClockManager->sleep (rand()%1000+500);
        putforks ();
    }
}

// Gabeln nehmen
void Philosoph::takeforks ()
{

// Gegenseitigen Ausschluss wg. "state" sicherstellen
    mutex->p ();
```

```
// Uebergang vollziehen
    state [id] = hungry;
    display ();
    testneigh (id);

// Kritische Region verlassen
    mutex->v ();

// Evtl. Warten, bis Gabel frei wird
    phil[id]->wait ();
}

// Gabeln ablegen
void Philosoph::putforks ()
{

// Gegenseitiger Ausschluss wg. "state"
    mutex->p ();

// Uebergang nach "denken"
    state [id] = thinking;

// Nachbarn wecken
    testneigh (LEFT);
    testneigh (RIGHT);

// Kritische Region verlassen
    mutex->v ();
}
```

```
// Pruefen, ob Gabeln frei sind
void Philosoph::testneigh (int id)
{

// Wenn hungrig und die Gabeln frei sind:
    if (state[id]==hungry
        && state[LEFT]!=eating && state[RIGHT]!=eating)
    {

// Uebergang nach Essen, Signal abgeben (weckt entweder
// den auf die Gabeln wartenden Thread, oder verhindert
// seine Suspendierung)
        state[id]=eating;
        phil[id]->signal ();
    }
}
```

Die Implementierung folgt exakt dem oben beschriebenen Algorithmus. Bemerkenswert ist der typische Einsatz des Semaphors `mutex` zur Sicherstellung des gegenseitigen Ausschlusses beim Zugriff auf die Zustandsanzeige von `state`. Wichtig ist ferner die Speicherfunktion der Signals-Klasse. Wechselt ein Philosoph von `thinking` nach `eating`, sendet er sich in der Methode `testneigh()` zunächst selbst ein Signal, um es anschließend abzufragen – der Thread wird nicht blockiert. Kann der Philosoph hingegen nicht mit dem Essen beginnen, so führt er `signal()` *nicht* aus: Er blockiert bei `wait()`.

Eine Instanz einer bislang unbekannten Klasse wird in der Methode `threadcode()` aufgerufen: der `ClockManager`. Dieses Objekt verwaltet den Timer des PCs, und blockiert den Aufrufer für die Zeitspanne, die er als Parameter angibt.

Das komplette Programm findet sich auf der Diskette in der Projektdatei `philo.prj`.

4.2.2 Botschaften

Semaphore und Signale sind zwar praktisch, wenn es um die Steuerung des gegenseitigen Ausschlusses oder um die Thread–Synchronisation geht, doch haben beide Methoden aus Sicht der Kommunikation einen gewichtigen Nachteil: Sie übertragen keine Daten.

Bei der Verwendung einer C–Funktion können wir beliebige Informationen durch Vereinbarung passender Parameter an den Code der Funktion übergeben. Die Funktion verarbeitet die erhaltenen Daten, und berechnet ein Ergebnis, das an den Aufrufer zurückgeliefert wird.

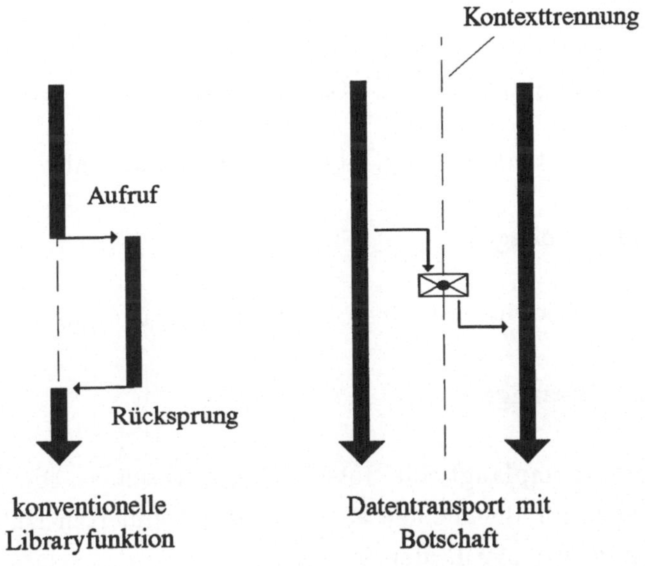

Abbildung 4.10: Parameter vs. paraller Datenaustausch

Für die Kommunikation zwischen Threads benötigen wir einen ähnlichen Mechanismus, um Daten von einem Programmstück zum anderen zu versenden. Funktionsaufrufe sind hier keine Lösung, da ja die Funktion im Kontext des Aufrufers und seriell zu ihm ausgeführt wird. Threadkommunikation soll aber die parallele Bearbeitung der „Funktion" und des weiteren Codes des Aufrufers ermöglichen.

Das Bild 4.10 zeigt den Unterschied zwischen Funktionsparametern und parallelem Datenaustausch. Während im linken Teil die Funktion nach dem Aufruf seriell zum weiteren Code ausgeführt wird, laufen im rechten Teil die beiden Threads parallel. Der Aufrufer arbeitet bereits weiter, während die aufgerufene Funktion ihr Ergebnis berechnet. Die Übergabe der Daten erfolgt durch den Transport von Botschaften (engl. Message Passing). Botschaften sind Datenstrukturen, die aus dem Adreßraum des Absenders in einen Puffer des Empfängers kopiert werden. Die Threads synchronsieren sich dazu über geeignete Systemaufrufe.

Konzept des parallelen Datenaustauschs

Botschaftenaustausch erfolgt über zwei Systemaufrufe:

```
send (message);
```

schickt eine Botschaft an einen Empfänger. Das Gegenstück ist

```
recv (message);
```

Dieser Dienst empfängt eine Botschaft vom Absender. Die Botschaften bestehen im allgemeinen aus einer fest definierten Datenstruktur, die zum Beispiel Felder wie

- Länge der Botschaft
- ID/Adresse des Absenders
- mehrere Bytes für die auszutauschenden Daten

enthalten kann. Das Format ist jedoch nicht vorgeschrieben; es finden sich mannigfaltige Lösungen in den verschiedenen Betriebssystemen.

Eine Klasse **Message**, die den Transport der Botschaften übernimmt, kann verschieden realisiert sein. Möglicherweise ist **Message** ein anderer Thread, der entsprechende Aufrufe bereitstellt. Die Kommunikation würde dann von einem Thread zu genau einem anderen Thread verlaufen; über **Message** wäre der Empfänger exakt adressiert. Üblicherweise wird jedoch **Message** eine besondere Klasse instantiieren, die eine Art Briefkasten darstellt. In diesen Briefkasten können beliebige Botschaften eingeworfen werden, die von beliebigen anderen Threads abgeholt werden können. Die Zuordnung eines Briefkastens zu einem bestimmten Thread kann dennoch durch Mehrfachvererbung erfolgen: Ein Thread wäre sowohl ein paralleler Programmabschnitt als auch ein Briefkasten. Wir werden dieses Verfahren später kennenlernen.

Wesentlich für den Botschaftentransport ist, daß beide an der Kommunikation beteiligten Threads blockieren können: der Sender, wenn es keinen Empfänger gibt oder die Mailbox voll ist, und der Empfänger, wenn kein anderer Thread senden will. Für die konkrete Implementierung existieren zwei verschiedene Ansätze, die wir nun betrachten wollen.

Implementierung mit Rendezvous

Das Rendezvous-Konzept für Botschaften ist vor allem durch die Programmiersprache ADA bekannt, die dieses Feature anbietet. Die Idee, die dahinter steckt, ist einfach zu realisieren: Die beiden Threads müssen sich „treffen“, um die Botschaft vom Sendepuffer des einen Threads direkt in den Empfangspuffer des anderen Threads zu kopieren. Derjenige Thread, der zuerst die Mailbox anspricht, wird solange blockiert, bis auch der zweite Thread den Briefkasten benutzt.

Die Abbildung 4.11 zeigt diese Konfiguration. Thread A, der eine Botschaft an Thread B senden will, wird bis zum **recv()**-Aufruf von B blockiert.

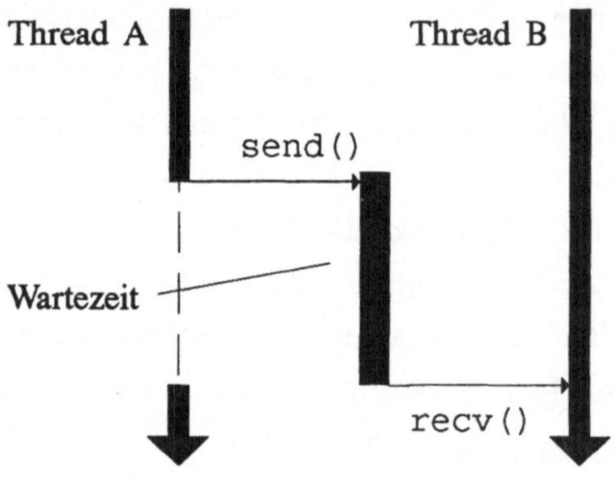

Abbildung 4.11: Rendezvous zweier Threads

Für unser Beispiel wollen wir von einer möglichst einfachen Botschaftenstruktur ausgehen. Eine Botschaft bestehe aus einem Character-Array, das beliebig formatiert werden kann. Ein zweites Strukturelement gibt die Anzahl der genutzten Array-Felder an:

```
// Definition der Botschaften:

struct mailrec
{
    char len;
    char msg[MSGLEN];
};
```

Die notwendige Klassendefinition könnte folgende Methoden und Eigenschaften vorsehen:

```
// Definition der Message-Klasse:

class Message
{
public:
    Mailbox  ();
    void send     (mailrec &mail);
    void recv     (mailrec &mail);

private:
    Base    *thread;
    mailrec *sec;
    Semaphor rv, sd;
};
```

Im Konstruktor der Klasse wird `thread` mit NULL vorbelegt. Die Implementierung der Methoden `send()` und `recv()` ergibt sich einfach zu:

```
void Message::send (mailrec &mail)
{
    sd.p();
    if (thread==NULL)          // Der Partner fehlt
    {
        sec = &mail;
        thread = ThreadManager->block();
        yield();
    }
    else
    {
        *sec = mail;
        ThreadManager->ready (thread);
        thread = NULL;
```

```
    }
    sd.v();
}

void Message::recv (mailrec &mail)
{
    rv.p();
    if (thread == NULL)
    {
        sec = &mail;
        thread = ThreadManager->block();
        yield();
    }
    else
    {
        mail = *sec;
        ThreadManager->ready (thread);
        thread = NULL;
    }
    rv.v();
}
```

Die beiden Methoden sind sehr ähnlich, so daß ich sie zusammen besprechen möchte. Zunächst wird über `thread==NULL` geprüft, ob ein anderer Thread blockiert ist. Falls nicht, ist der aktuell aufrufende Thread der zweite Partner der Kommunikation; die Nachricht kann kopiert werden. Die Variable `sec` stellt dabei einen Link auf den Puffer des anderen Threads dar. Danach wird der blockierte Thread in die Ready-Queue des Schedulers eingefügt.

Ist jedoch `thread` auf NULL gesetzt, ist der Aufrufer der erste Partner einer Kommunikation: Er muß auf seinen Kollegen warten. Deshalb baut er im if-Zweig mit `sec` einen Link auf den eigenen

Puffer auf, weist `thread` seine eigene Adresse zu und blockiert sich selbst. Die beiden Semaphore stellen sicher, daß sich nur jeweils zwei Threads zum Rendezvous treffen können.

Dieses Konzept entspricht voll der logischen Definition des Botschaftenverkehrs. Trotzdem hat sie einen Nachteil: die grundsätzliche Blockierung eines der Partner. So muß der Sender auf den Empfänger warten, obwohl er längst weiterarbeiten könnte: Es geht Rechenzeit verloren. Ein anderer Ansatz, der sich an einem realen Briefverkehr orientiert, ist deshalb praktischer.

Implementierung mit Briefkästen

Im zweiten Konzept wollen wir ein echtes Postsystem aufbauen, das der „Gelben Post“ nachempfunden ist. Wenn wir zu Hause einen Brief schreiben, müssen wir nicht extra ein Treffen mit dem Empfänger vereinbaren, um ihm das Schreiben in die Hand zu drücken. Wir werfen das Kuvert vielmehr in den Kasten am Postamt und kümmern uns nicht weiter um den Transport. Irgendwann, einige Tage später, wird der Adressat den Brief zugestellt bekommen, ohne daß wir solange auf „standby“ geschaltet worden wären.

Für ein Kommunikationssystem bedeutet das: Die Botschaften müssen zwischengespeichert werden. Die Threads werden nur blockiert, wenn entweder die Mailbox voll ist und keine weitere Botschaft speichern kann (Sender), oder die Mailbox leer ist (Empfänger). Der Botschaftenspeicher kann in einer komfortablen Implementierung dynamisch wachsen oder – wie in unserer Realisierung – über ein Array als Klasseneigenschaft festgelegt sein.

Im Bild 4.12 ist der Einsatz der Mailbox dargestellt. Wiederum hat Thread A für B eine Nachricht, doch diesmal muß A nicht auf B warten, sondern kann nach dem Absenden der Botschaft sofort weiterarbeiten.

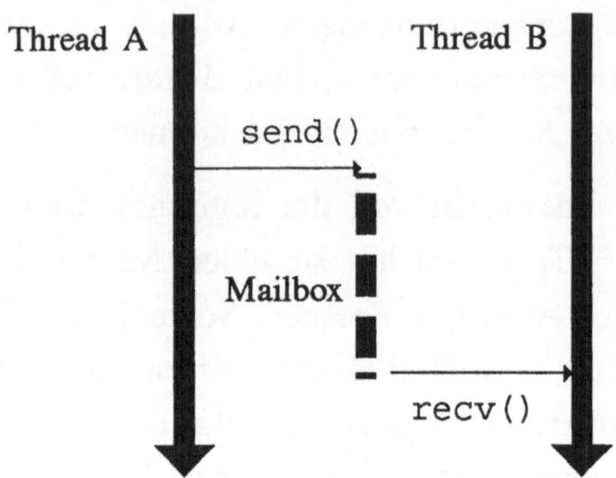

Abbildung 4.12: Botschaftenaustausch mit einer Mailbox

Betrachten wir als erstes die Klassendefinition:

```
class Mailbox
{
public:
    Mailbox  ();

// Botschaft schicken
    void send     (mailrec &mail);

// Botschaft abholen
    void recv     (mailrec &mail);

private:
    mailrec  mails [QLEN];
    int isend,
        irecv;
    Semaphor qs (QLEN), qr (0), mutex;
};
```

Das Array **mails** realisiert zusammen mit den Variablen **isend** und **irecv** einen Ringpuffer. Die beiden Semaphore **qs** und **qr** regeln den Zugang zum Briefkasten und sorgen für die Blockierung der Threads bei vollem bzw. leerem Briefkasten. **qs** wird auf die Kapazität der Mailbox initialisiert, **qr** enthält die Anzahl der zu lesenden Botschaften (anfangs Null). **mutex** schließlich stellt den gegenseitigen Ausschluß beim Zugriff auf das **mails**-Array sicher.

In Abbildung 4.13 ist das Objektmodell für Mailboxes in OMT dargestellt.

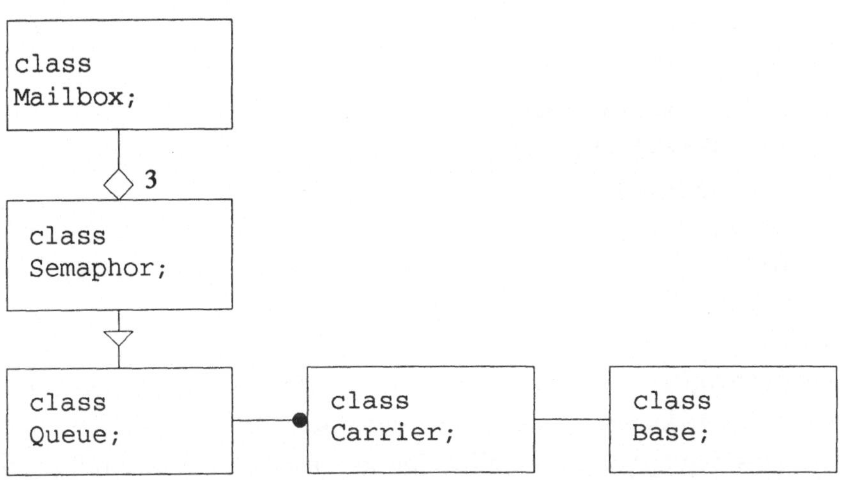

Abbildung 4.13: Objektmodell für Mailboxen

Kommen wir nun zur Implementierung der Methoden **send()** und **recv()**.

```
void Mailbox::send(mailrec &mail)
{
    qs.p();
    mutex.p();
```

```
// Botschaft im Ringpuffer speichern
    mails[isend] = mail;
    if (++isend==QLEN)
        isend=0;
    mutex.v();
    qr.v();
}

void Mailbox::recv(mailrec &mail)
{
    qr.p();
    mutex.p();
    mail = mails[irecv];
    if (++irecv==QLEN)
        irecv=0;
    mutex.v();
    qs.v();
}
```

Die Botschaften werden in einem Ringpuffer der Mailbox–Instanz zwischengespeichert, wobei `isend` und `irecv` als Zugriffsindizes dienen. Das Semaphor `mutex` hilft, den gegenseitigen Ausschluß beim Kopieren der Mails durchzusetzen.

Interessant ist das Wechselspiel bei der Bedienung der Semaphore. `send()` belegt das Semaphor `qs`, aber `recv()` gibt es frei. Der Schlüssel liegt in der Bedeutung der Semaphore: `qs` gibt die Anzahl der freien Plätze in der Mailbox an, `qr` die der belegten Einträge. `send()` entfernt also einen freien Platz und schafft einen belegten, `recv()` gibt einen Platz frei und reduziert die Anzahl der belegten Speichereinträge.

Die im Kapitel 5 abgedruckte Version des Botschaftenverkehrs stellt eine Erweiterung der obigen Lösung dar. Sie ermöglicht, daß die

Aufrufe zum Senden und Empfangen auch mit einer Fehlermeldung abgebrochen werden können, statt den Thread zu blockieren. Auf diese Weise kann zum Beispiel ein Empfänger „erst mal nachsehen", ob eine Botschaft für ihn vorliegt.

Adressierung von Empfängern

Die optimale Lösung für ein umfassendes Postsystem ist damit trotzdem nicht gefunden, da sich bei mehreren Empfängern das Problem der Adressierung stellt. Wenn es einen gemeinsamen Kasten zum „Einwerfen" der Botschaften gibt, ist es schwierig, bei mehreren Empfängern genau denjenigen herauszufiltern, der die Botschaft bekommen soll. Eine der beiden FIFO-Schlangen – die der Briefe oder die der Empfänger – müßte aufgelöst werden.

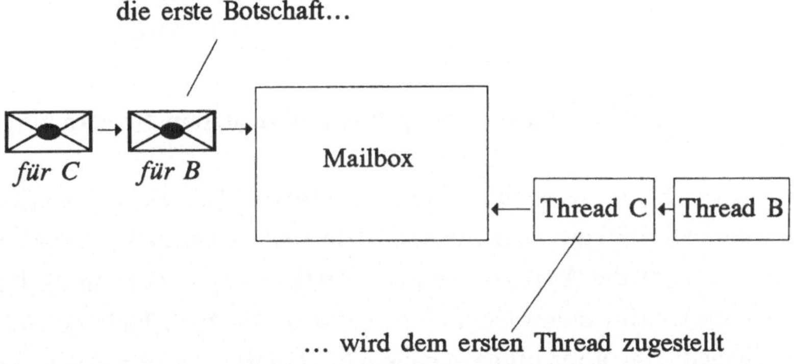

Abbildung 4.14: Problem der Postverteilung bei einer Mailbox

Das Bild 4.14 verdeutlicht dieses Problem. Der Sender A schickt zuerst eine Botschaft an Thread B, danach an Thread C. Diese beiden Programme haben aber in umgekehrter Reihenfolge, also zuerst C, dann B, den `recv()`-Aufruf ausgeführt. Entweder müßte zuerst C aus der Thread-Queue entnommen werden, oder die Botschaft für C müßte vom Ende der Briefschlange vorgezogen werden.

Es ist leicht einsichtlich, daß diese Methode nicht die eleganteste sein kann, da sie umständlich zu implementieren ist. Eine Lösung ergibt sich, wenn jedem Thread genau ein Briefkasten zugeordnet wird. Ein Sender wird die Botschaft nicht mehr an einen zentralen Postkasten schicken, sondern direkt dem Empfänger zustellen. Bild 4.15 veranschaulicht die Situation:

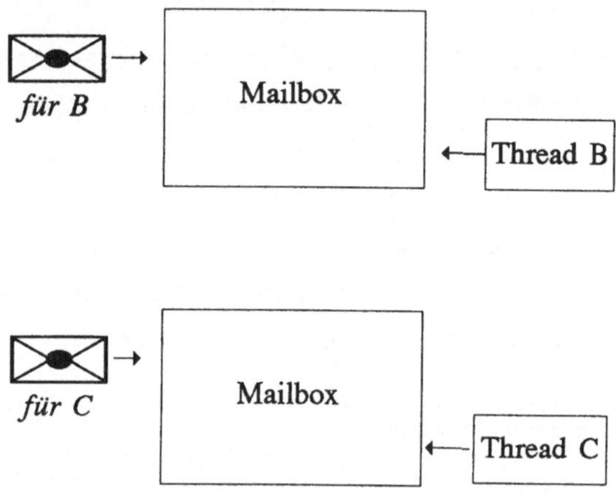

Abbildung 4.15: Adressierung mit individuellen Briefkästen

Ein kleiner Schönheitsfehler bleibt bestehen: Der Sender muß neben dem Empfänger auch dessen Briefkasten kennen, ebenso wie der Empfänger die Adresse „seiner“ Postkiste speichern muß. Doch C++ bietet dafür einen eleganten Ausweg: die Mehrfachvererbung. Ein Thread, der über einen eigenen Postkasten verfügen soll, wird einfach aus der Basisklasse für Threads, `Base`, und der Botschaften-Klasse `Mailbox` zusammengesetzt:

```
class Thread:public Base, Mailbox
{
   ...
};
```

Die neue Klasse vereinigt die Eigenschaften beider Väter auf sich: Sie ist sowohl ein Thread als auch ein Briefkasten. Über den Bezeichner der Threadinstanz ist auch ihr Briefkasten erreichbar. Im Abschnitt über Client/Server–Anwendungen findet sich ein Beispiel, das diesen Mechanismus verwendet.

Gruppenkommunikation

Nicht immer jedoch ist der Empfänger exakt bekannt: Manchmal genügt es, eine Gruppe von Threads zu adressieren. Dies könnte zum Beispiel bei einer Art „Thread–Pool" der Fall sein. So könnte es in einem System mehrere Threads geben, die nichts anderes tun, als auf Botschaften zu warten und die empfangenen Nachrichten zu drucken. Da unser System über sagenhafte fünf Drucker verfügt, gibt es fünf solcher Threads. Wenn die Drucker gleichwertig sind, interessiert sich ein Sender überhaupt nicht dafür, welcher Thread seinen Auftrag bearbeitet. Der Sender möchte nur, daß *irgendeiner* dieser Druckerthreads seinen Job übernimmt.

Andererseits könnte das Betriebssystem beim „Herunterfahren" jedem Druckerthread mitteilen wollen, daß er seinen Druckerpuffer sichern muß. Diese Botschaft muß alle Threads erreichen, unabhängig davon, ob alle fünfe in Betrieb sind, oder nur vier Threads arbeiten (da im fünften Drucker wieder einmal der Toner ausgegangen ist).

Gleich vorweg: Es gibt keine einfache Lösung, die beide Arten der Gruppenkommunikation gleich gut realisiert. Wir wollen deshalb zwei getrennte Ansätze besprechen; für eine konkrete Problemstellung muß eine ausgewogene Mischung gefunden werden.

Das erste Problem läßt sich leicht mit einer globalen Mailbox lösen. Die Auftraggeber führen `send()`–Aufrufe auf diese Mailbox aus, um ihre Jobs zu hinterlegen. Die Druckerthreads rufen `recv()` aus und bekommen einer nach dem anderen einen Auftrag zugewiesen. Nach Erledigung erfolgt erneut ein `recv()`-Aufruf. Durch die FIFO-Queue erhält derjenige Thread, der als erster fertig wurde, auch als erster eine neue Aufgabe. Das System erreicht eine hohe Auslastung, sofern die Erledigung der Jobs deutlich mehr Zeit braucht als der Verwaltungsaufwand der Mailbox. Bild 4.16 zeigt diese Konfiguration.

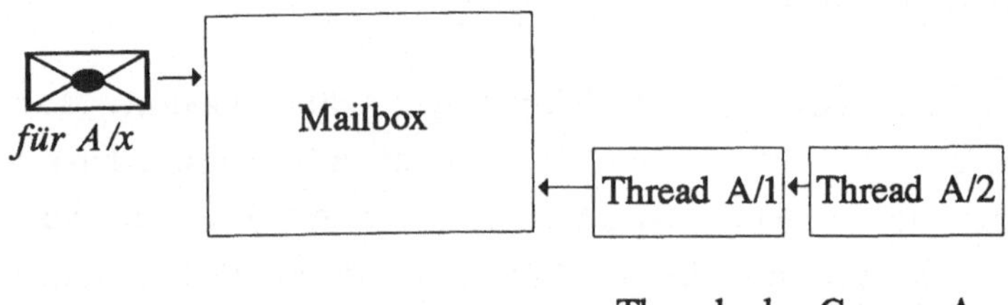

Abbildung 4.16: Botschaft an einen Thread aus einer Gruppe

Die *Multicast*-Kommunikation (also Botschaften an alle Gruppenmitglieder) kann damit nur bedingt gelöst werden. Handelt es sich um Botschaften, die den Thread für eine genügend lange Zeit beschäftigen bzw. den Thread terminieren, kann die Nachricht mehrfach abgeschickt werden. Es muß jedoch sichergestellt sein, daß ein Thread nicht mehrfach die gleiche Botschaft abholt und seine „Kollegen“ leer ausgehen.

Echtes Multicasting bietet die Einführung eines Dämonprozesses. Ein Dämon ist ein Systemthread, der im Hintergrund ausgeführt wird und quasi unsichtbar seine Aufgaben erledigt. Unserem Dämon wird zum Beispiel über die Mehrfachvererbung eine Mailbox zugeordnet. Die Absender schicken ihre Botschaften an den Briefkasten des Dämons. Die Threads, die die Nachricht empfangen sollen, besitzen ebenfalls je eine Mailbox. Der Nachrichtendämon erwacht durch den Empfang einer Nachricht und verschickt sie seinerseits an jede Mailbox seiner Empfangsthreads. Notwendigerweise wird

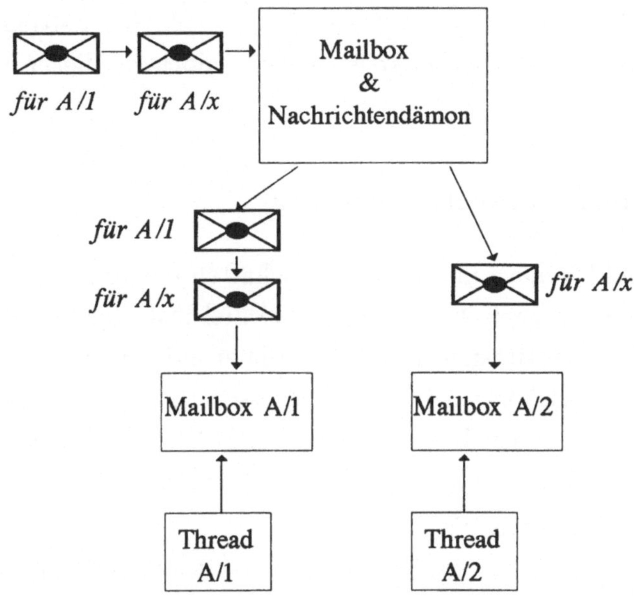

Abbildung 4.17: Nachrichtendämon für einfaches Multicasting

die Adresse des Empfängerthreads Teil der Botschaft werden, da die angesprochene Mailbox nicht mehr einen Thread referenziert. Bild 4.17 zeigt diese Vorgehensweise.

Handelt es sich bei der Botschaft jedoch um eine Nachricht, die nur an *einen*, aber *beliebigen* Empfängerthread gehen soll, wird es schwierig, da der Nachrichtendämon nichts über die Auslastung und den Mailbox–„Füllzustand" seiner Empfänger weiß. Natürlich kann der Dämon die erste Nachricht an Thread #0, die zweite Nachricht an Thread #1 und so weiter schicken. Das System wird damit aber nur gut ausgelastet, wenn sich die Bearbeitungszeiten der Botschaften durch die Empfänger immer im gleichen Rahmen bewegen.

Der Einsatz komplizierterer Protokolle, bei denen die Empfängerthreads zum Beispiel Auslastungsmeldungen an den Dämon schicken, kann zur Entschärfung dieser Probleme beitragen. Die Diskussion solcher Mechanismen würde jedoch an dieser Stelle zu weit führen.

Ein Beispiel: Paralleles Sortieren

Als Beispiel für den Einsatz von Botschaften sei ein Programm aufgeführt, das ein typisches Problem parallel löst: das Sortieren von Zahlen. Der Algorithmus könnte, würde er auf einem massiv parallelen System (also mit mehreren Prozessoren) ausgeführt, den Sortiervorgang erheblich beschleunigen. Zum Studium genügt jedoch unser quasi-paralleles System: Es ergibt sich kein Zeitvorteil, doch die Implementierung ist sehr ähnlich.

Die zugrundeliegende Idee ist unter dem Namen *Pipeline-Modell* bekannt. Die Prozessoren (bzw. die Threads) werden in einer Liste miteinander verkettet: Jeder Thread kennt seinen Nachfolger. Jedem Thread wird eine Mailbox zugeordnet. In einer Variablen speichern die Threads genau eine Zahl aus der zu sortierenden Reihe. In einer Endlosschleife empfängt ein Thread eine Zahl, vergleicht sie mit der gespeicherten, sendet die größere Zahl an den nachfolgenden Thread und speichert intern die kleinere der beiden. Von einem Steuer-Thread aus wird der erste der Threads mit unsortierten Zahlen gefüttert. Am Ende des Sortiervorgangs, der mit einer speziellen Botschaft angezeigt wird, findet sich im ersten Thread die kleinste, im letzten Thread der Reihe die größte der Zahlen.

Betrachten wir zunächst die Definition der Thread-Klasse:

```
class Sorter:public Base, public Mailbox
{
public:
    Sorter (Sorter *link);
```

```
private:
    Sorter *next;
    virtual void threadcode ();
};
```

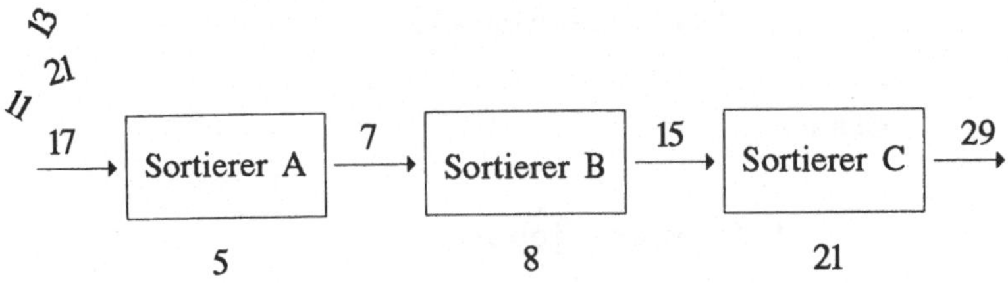

Abbildung 4.18: Pipeline zum Sortieren

Die Klasse wird aus der Basisklasse für Threads, **Base**, und der Implementierung der Mailboxen abgeleitet — ein Beispiel für die Mischung aus Briefkasten und Thread. Der Konstruktor erwartet als Parameter einen Zeiger auf den folgenden Thread. Dieser Zeiger wird intern in der Variablen **next** gespeichert. Die zweite Methode dieser Klasse enthält den eigentlichen Algorithmus, dessen Realisierung wie folgt aussehen könnte:

```
void Sorter::threadcode ()
{
    mailrec mail;
    int *jobnr;
    int nummer=32767, hlp;

    jobnr = (int*) mail.msg;
    mail.len = sizeof (int);

    while (1)
```

```
    {
        recv (mail);
        if (*jobnr==-1)
        {
            printf ("%4u", nummer);
            if (next != NULL)
                next->send(mail);
        }
        else
        {
            if (nummer>*jobnr)
            {
                hlp = *jobnr;
                *jobnr = nummer;
                nummer = hlp;
            }
            if (next!=NULL)
                next->send (mail);
}}}
```

Die Anweisungen vor der Endlosschleife (while–Anweisung) dienen zur Strukturierung der Botschaften. Die Botschaftsdaten sind nur als formatloses Character–Array definiert. Durch Überlagerung mit einem Zeiger auf einen Integer kann die Botschaft als Integer–Wert interpretiert werden. Daneben wird die Botschaftslänge auf den Speicherbedarf eines Integers in Bytes gesetzt.

Die Endlosschleife gliedert sich in drei Teile. Die erste Anweisung empfängt eine Nachricht. Handelt es sich bei dem empfangenen Integer um den Wert -1, so wird diese Nachricht als „Ready“–Nachricht verstanden: Die intern in der Variablen `nummer` gespeicherte Zahl wird ausgegeben und die Nachricht an den nachfolgenden Thread weitergegeben.

In allen anderen Fällen wird im dritten Teil der kleinen Funktion der empfangene Wert mit dem intern gespeicherten Wert verglichen und eventuell so vertauscht, daß `nummer` immer die kleinere Zahl enthält. Die größere Zahl ist in der Botschaft gespeichert und wird an den in der Pipeline folgenden Thread geschickt.

Es fehlt noch das Hauptprogramm, das die Pipeline aufbaut und mit Daten versorgt. Zur Vereinfachung leistet das der `Main`–Thread, der vom System bereits beim Hochlauf gestartet wird. Dessen `threadcode()`–Methode übernimmt ja die Rolle der `main()`–Funktion eines normalen C–Programmes und eignet sich deshalb vortrefflich zur Initialiserung und Ansteuerung der restlichen Komponenten:

```
void Main::threadcode()
{
    mailrec Jobs;
    int *nummer, count;
    Sorter *line;

    randomize();

// Pipeline aufbauen

    line = NULL;
    for (count = 0; count<20; count++)
        line = new Sorter (line);

// Threads mit Daten versorgen

    nummer = (int*) Jobs.msg;
    Jobs.len = sizeof(int);
```

```
    for (count=0; count<20; count++)
    {
        *nummer = rand()%1000;
        printf ("%4u", *nummer);
        line->send (Jobs);
    }

// Zum Schluss: "Ende"-Message schicken

    *nummer = -1;
    printf ("\n");
    line->send (Jobs);
}
```

Die Variable `line` zeigt nach der Pipeline-Erzeugung auf den ersten Thread der Pipeline. `nummer` wird wie in der Klasse `Sorter` zum Strukturieren der Botschaften eingesetzt. Nach dem Erzeugen und Versenden von zwanzig Zufallszahlen wird schließlich die „Ende"-Botschaft verschickt. Das komplette Programm ist auf der Diskette im Projekt `sort.prj` enthalten.

Der Algorithmus hat allerdings zwei Haken: die Pipeline-Länge und den Botschaftentransport. Für die Länge der Thread-Kette gilt: Es müssen soviele Threads laufen, wie Zahlen sortiert werden. Wird der Algorithmus auf einem Supercomputer realisiert, müßte es die gleiche Anzahl Prozessoren wie Datensätze geben. Glücklicherweise kann man einen Sortiervorgang auch auf zwei oder mehrere Sub-Sortieraufgaben aufteilen, deren Ergebnisse danach „gemerget", vermischt, werden. Die Performance wird dadurch natürlich nicht besser.

Schwerwiegender ist das Problem des Botschaftentransportes. Wenn die Zahlen über eine zentrale Instanz verteilt werden müssen, kann das Message Passing sehr schnell zum extremen „Flaschenhals" des Systems werden. Es gibt jedoch Algorithmen, die deutlich effizienter das Sortierproblem parallel lösen, so daß die genannten Schwierigkeiten weniger schwer ins Gewicht fallen. [11] gibt dazu einen guten Einblick.

Das Client/Server-Modell

Die meisten Programmierer verwenden zur Realisierung ihrer Aufgaben fertige Bibliotheken, die umfangreiche Standardfunktionen zur Verfügung stellen. Die Anwenderprogramme versorgen die Parameter der Funktionen mit vernünftigen Werten und rufen die Routinen auf. So gibt es zum Beispiel eine ganze Reihe von Grafiklibraries, die die Implementierung von grafischen Oberflächen erheblich vereinfachen. Der Aufbau eines Bildschirmfensters im Grafikmodus kostet unter Umständen ziemlich viel Zeit — auf Kosten des aufrufenden Threads, in dessen Kontext die Grafikfunktion läuft. Ein Druckerspooler, der den Status seiner Druckarbeit ausgeben will, muß entsprechend lange warten, bis er den Drucker wieder mit Daten versorgen kann. Andererseits spräche nichts dagegen, das Fenster *anzufordern* und danach erstmal den Drucker zu bedienen. Wenn der Thread schließlich pausiert, weil der Drucker keine Daten mehr annehmen kann, könnte das Fenster allemal noch angezeigt werden.

Natürlich könnte der Thread vor jedem Druckbefehl den Status des Druckers holen, der ihm vielleicht die Auslastung seines Eingangspuffers mitteilen könnte. Der Thread würde bis kurz vor die Überlastungsgrenze Zeichen ausgeben, dann sein Fenster aufbauen, um danach erst weiterzudrucken. Es macht allerdings wenig Sinn, die Aufgabe der Auslastungsbewertung tatsächlich dem Aufrufer aufzubürden: Es gibt genug andere Situationen, die eine vergleichbare Verarbeitung erfordern.

Die Lösung liegt vielmehr in der Parallelisierung der Grafikbibliothek. Die Funktionen der Library werden nicht mehr aufgerufen, sondern über Botschaften an einen sogenannten *Server-Thread* angestoßen. Dieser Thread nimmt die Auftragsmessages entgegen und setzt sie entweder in klassische Library-Aufrufe um oder erzeugt temporäre Threads, die nebenläufig den Job ausführen. Die aufrufenden Threads werden zu *Kunden* des Servers, die dessen Dienste in Anspruch nehmen; das ganze Konzept nennt sich deshalb Client/Server-Architektur.

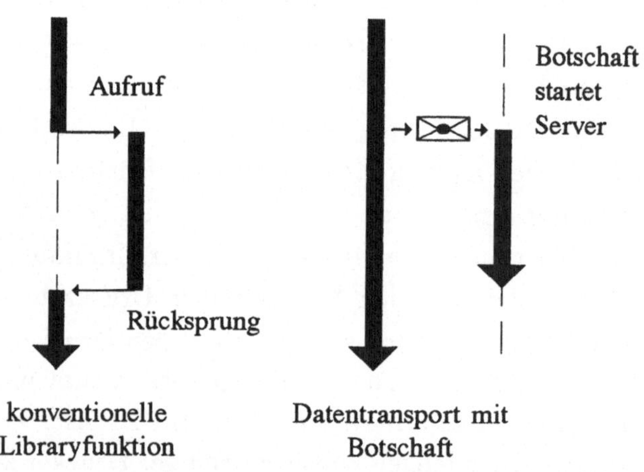

Abbildung 4.19: Bibliotheksaufrufe vs. Client/Server

Wie wird eine Library als Client/Server-System realisiert? Zunächst wird ein Thread geschaffen, der in einer Endlosschleife nichts anderes tut, als Botschaften entgegenzunehmen, als Befehl zu interpretieren und auszuführen. Hat dieser Grafikserver einen Auftrag abgearbeitet, holt er den nächsten Job aus seiner Mailbox ab.

Die Definition einer entsprechenden Server-Klasse auf Thread-Ebene nutzt ein besonders Feature von C++: die Mehrfachvererbung. Sie koppelt den Serverthread derart fest an die Mailbox-Klasse, daß die beiden Objekte zu einer Einheit verschmelzen; der Grafikserver ist damit sowohl ein Thread als auch eine Mailbox.

```
class GraphicServer:public Base, public Mailbox
{
private:
    virtual void threadcode ();
    float   xstart, ystart, xend, yend, xwidth, ywidth;

public:
    GraphicServer
            (float xs, float ys, float xe, float ye);
};
```

Die Klassendefinition sieht neben der üblichen `threadcode()`-Methode einige Eigenschaften zur Organisierung des Grafikbildschirms als kartesisches Koordinatensystem vor. Die Ausdehnung dieser Oberfläche wird beim Konstruktor als Parameter angegeben.

Der Code des Serverthreads besteht aus einer Endlosschleife, einem `recv()`-Aufruf auf die objektimmanente Mailbox und einem `switch`-Statement, das die eingegangenen Botschaften decodiert und verarbeitet:

```
struct GraphMsg
{
    char  instruction;
    float x,y,a,b;
    char  color;
};

void GraphicServer::threadcode ()
```

```
{
    int count, a, b, x, y;
    mailrec mail;
    GraphMsg *Job;

// Quasi-Union erzeugen, um Botschaft zu strukturieren
    Job = (GraphMsg*) mail.msg;
    while (1)
    {

// Einen Auftrag abholen
        recv (mail);

// Grundkoordinaten berechnen
        x = getmaxx()/1.0/xwidth*(Job->x-xstart);
        y = getmaxy()-getmaxy()/1.0/ywidth
                        *(Job->y-ystart);

// Auftrag decodieren und ausfuehren
        switch (Job->instruction)
        {

// Punkt an (x,y) zeichnen
        case POINT:
            putpixel (x, y, Job->color);
            break;

// Rechteck von (x,y) aus mit Breite a und Hoehe b
        case REC:
            a = getmaxx()/1.0/xwidth*Job->a;
            b = getmaxy()/1.0/ywidth*Job->b;
            setcolor (Job->color);
```

```
            for (count=0; count<a; count++)
                line(x+count, y, x+count, y+b);
            break;

// Linie von (x,y) nach (a,b) zeichnen
        case LINE:
            a = getmaxx()/1.0/xwidth*(Job->a-xstart);
            b = getmaxy()-getmaxy()/1.0/
                    ywidth*(Job->b-ystart);
            setcolor (Job->color);
            line (x,y,a,b);
            break;

// BEEP bei Fehler
        default:
            printf ("\7");
}}}
```

Um das Zeichenarray besser verarbeiten zu können, wird eine Struktur `GraphMsg` über den Nachrichtenpuffer des Servers gelegt. Nach dem Empfang einer Nachricht wird diese decodiert und ausgeführt: Je nach den Parametern in der Nachricht wird ein Punkt, eine Linie oder ein Rechteck gezeichnet, deren Koordinaten im kartesischen System notiert werden.

Für eine weitere Parallelisierung der Auftragsabwicklung könnte der Server für jeden Job einen eigenen Subthread starten, der nach Ausführung seiner Aufgabe terminiert. Die Implementierung der Server-Threads vereinfacht sich dadurch wesentlich:

```
void GraphicServer::threadcode()
{
    mailrec mail;
```

```
    GraphMsg *Job;

    Job = (GraphMsg*) mail.msg;
    while (1)
    {
        recv (mail);
        switch (Job->instruction)
        {
        case POINT: new PointThread (Job);
                    break;
        case REC:   new RecThread (Job);
                    break;
        case LINE:  new LineThread (Job);
                    break;
        default:    printf("\7");      // Beep
}}}
```

Damit ist die Library endgültig parallelisiert: Es gibt keine Bibliotheksfunktionen mehr, sondern nur noch Bibliotheks–Threads (die Implementierung geeigneter Klassen für das obige Beispiel sei dem Leser überlassen). Das Konzept wird so weitgehend jedoch nur eingesetzt werden, wenn der Betriebssystem–Aufwand zur Verwaltung der zusätzlichen Threads die Rechenzeit der einzelnen Funktionen deutlich unterschreitet.

Die Clients, also die „Kunden“ der Grafikausgabe, müssen nun, statt eine Funktion aufzurufen, die Nachricht entsprechend ausfüllen und an den Grafikserver schicken. Als Beispiel ist die Implementierung einer Threadklasse abgedruckt, die einen Ausschnitt aus einem Fraktal berechnet:

```
// Klassendefinition des Fraktalthreads
class Julia:public Base
```

```
{
    private: virtual void threadcode ();
    protected: float xstart, ystart, xend,
                     yend, xstep, ystep;
    public: Julia
            (float xs, float ys, float xe, float ye);
};

// Konstruktor: erhaelt die Eckpunkte und die
// Aufloesung des zu berechnenden Ausschnitts
Julia::Julia (float xs, float ys, float xe, float ye)
      :xstart (xs), ystart (ys), xend (xe), yend (ye),
       xstep (xres), ystep (yres)
{
    create (0x800, 8);
}


void Julia::threadcode ()
{
    GraphMsg *Pixel;
    mailrec Job;
    int iter;
    complex z;

// Message-Verarbeitung vorbereiten
    Pixel = (GraphMsg*) Job.msg;
    Pixel->instruction = POINT;
    Job.len = sizeof(GraphMsg);

// Schleife ueber die Bildpunkte
    for (Pixel->y=ystart; Pixel->y<yend;
```

```
                Pixel->y+=ystep)
        for (Pixel->x=xstart; Pixel->x<xend;
                Pixel->x+=xstep)
        {
            z=complex(0,0);

// Farbe berechnen
            for (iter=0; iter<32 &&
                           abs(z)<BAIL_OUT; iter++)
            {
                z=z*z+complex(Pixel->x,Pixel->y);
            }
            Pixel->color=iter>>1;

// Auftrag an Grafikserver schicken
            Graphics->send (Job);
        }
}
```

Der Thread erwartet im Konstruktor die Ausdehnung und die Auflösung des Fraktalausschnitts, den er zu berechnen hat. Im ersten Teil seiner Ausführungsroutine threadcode() wird wie beim Grafikserver die Botschaft mit einer zweiten Struktur überlagert, um den Zugriff einfacher zu gestalten. In einer geschachtelten Schleife berechnet der Thread für jeden Bildpunkt seines Ausschnittes den passenden Farbwert. Am Ende der Schleife wird jeder Punkt als Auftrag an den Grafikserver gesendet, der den Bildschirm entsprechend einfärbt. Während jedoch der Grafikserver mit der Bearbeitung der Nachricht beschäftigt ist, kann der Thread den nächsten Punkt berechnen. Das Hauptprogramm muß nurmehr den Grafikserver starten und die Gesamtaufgabe in einzelne Teilpakete für die Berechnungsthreads zerlegen:

```
void Main::threadcode()
{
    float a,b;

// Ausdehnung des Gesamtfraktals besorgen
    printf ("\n\nParallele Fraktalberechnung\n");
    printf ("Breite: "); scanf ("%f", &a);
    printf ("H\"ohe  : "); scanf ("%f", &b);

// Grafikserver starten
    Graphics = new GraphicServer (-a/2, -b/2,
                                   a/2, b/2);

// Bildschirm einfaerben
    GraphMsg *Pixel;
    mailrec Job;
    Job.len = sizeof(GraphMsg);
    Pixel = (GraphMsg*) Job.msg;
    Pixel->instruction  = REC;
    Pixel->color        = LIGHTRED;
    Pixel->x            = -a/2;
    Pixel->y            = b/2;
    Pixel->a            = a;
    Pixel->b            = b;
    Graphics->send (Job);

// Bildschirm in einhundert Teile zerlegen, die je von
// einem Thread berechnet werden
    for (float x=-a/2; x<a/2; x+=a/10)
        for (float y=-b/2; y<b/2; y+=b/10)
            new Julia (x, y, x+a/10, y+b/10);
```

```
// Prioritaet auf unterste Stufe
   setprior (15);
   ThreadManager->yield();

// Warten, bis ein Tastendruck erfolgt
   while (!kbhit())
       ThreadManager->yield();

// OMT beenden
   getch();
   exit(0);
}
```

Das Fraktalprogramm ist auf der Diskette in `apl\frac.cpp`, der zugehörige Server in `apl\grserv.cpp` zu finden. Die Anwendung kann mit `frac.prj` generiert werden.

Client/Server–Systeme finden mehr und mehr Verbreitung. Interessant ist dabei die Übertragbarkeit des Konzeptes auf verschiedene Anwendungsebenen, von einer komplexen, parallelen Multithreading–Applikation mit Library–Servern bis hin zu Multicomputer–Netzen. So gibt es Datenbanksysteme, die dieses Rezept erfolgreich zur Groß–Datenverarbeitung in einem Netzwerk einsetzen. Aber auch Betriebssysteme werden zunehmend unter Nutzung des Client/Server–Konzeptes realisiert — jüngstes Beispiel ist Windows NT. Gerade die verteilten Betriebssysteme für Multiprozessorrechner oder Computer–Verbundsysteme profitieren von dieser Architekturform erheblich: Für den Client–Thread ist es völlig gleichgültig, ob der Empfänger seiner Nachricht im gleichen Adreßraum und Rechner arbeitet oder über ein Netzwerk auf irgendeiner anderen Maschine angesprochen wird.

4.3 Zusammenfassung

Im ersten Teil des Kapitels betrachteten wir die Probleme im Zusammenhang mit der asynchronen Ausführung von Threads. Durch das verdrängende MLF–Scheduling, das wir im dritten Kapitel implementierten, kann keinerlei Vorhersage über die Reihenfolge der Threadausführung getroffen werden. Deshalb könnten mehrere Threads um Betriebsmittel konkurrieren und sich gegenseitig stören. Abhilfe schaffen Möglichkeiten zum Gegenseitigen Ausschluß der Threads.

Das gebräuchlichste Werkzeug zur Sicherstellung des *mutual exclusion* sind Semaphore. Diese Technik erlaubt eine sichere und gerechte Zuteilung der Ressourcen. Zudem werden aufrufende Threads suspendiert, damit sie, während sie die Erlaubnis zum Betreten einer kritischen Region abwarten, keine CPU–Zeit benötigen.

Zur Kommunikation zwischen Threads können Signale und Botschaften eingesetzt werden. Signale dienen zur Anzeige bestimmter Ereignisse, zum Beispiel des Auftretens eines Interrupts oder der Beendigung einer Berechnung. Botschaften hingegen erlauben es Threads, Daten miteinander auszutauschen. Es gibt zwei Möglichkeiten zur Implementierung: Das Rendezvous–Konzept sieht vor, daß sich zwei Threads zum Datenaustausch treffen. Die Methode der Mailboxes entkoppelt die Threads bei der Kommunikation: Die Nachricht wird in einen Briefkasten kopiert, damit der Absender nicht auf die Annahme der Message durch den Empfänger warten muß.

Das Client/Server–Konzept baut auf dem Botschaftenmechanismus auf. Es parallelisiert Bibliotheks– oder Betriebssystemdienste, indem es eigene Threads zur Abarbeitung der eingehenden Aufträge definiert. Diese Threads heißen Server. Die Aufrufer der bisherigen System– oder Libraryroutinen werden als Clients bezeichnet und verwenden Botschaften, um die Dienste eines Servers in Anspruch zu nehmen. Während der Server den Auftrag bearbeitet, kann der Client–Thread eigene Aufgaben wahrnehmen.

Probleme kann es mit all den genannten blockierenden Kommunikationsmitteln geben: Sie können zur Verklemmung von Threads führen. Ein solcher Deadlock liegt vor, wenn zwei oder mehrere Threads im Besitz mindestens eines Betriebsmittels sind, das ein anderer Thread anfordert. Dieser Thread besitzt seinerseits eine Ressource, auf die der erste Thread wartet: Beide wollen das Betriebsmittel erlangen, das der jeweils andere Thread in Anspruch nimmt. Es gibt verschiedene unterschiedlich aufwendige Ansätze zur Lösung der Deadlock–Problematik. Sie teilen sich im wesentlichen in zwei Gruppen: Einige Methoden versuchen bei einer Anforderung von Systemressourcen, die mögliche Zuteilung auf ihr „Deadlock–Risiko" zu untersuchen. Andere Methoden analysieren laufend den aktuellen Systemzustand und erkennen existierende Verklemmungen, die durch das zwangsweise Beenden eines oder mehrerer Threads oder durch die Entziehung bereits vergebener Betriebsmittel aufgelöst werden.

Kapitel 5

Die DOS–Erweiterung OMT

Als Implementierungsbeispiele dienten in den vorhergehenden Kapiteln Code–Auszüge aus dem Mikrokernel OMT. Dieser Betriebssystemkern ist als C++–Library konzipiert und kann zu eigenen parallelen Applikationen gebunden werden. Als Hardware–Basis dient ein IBM–kompatibler Personal Computer.

5.1 PC-Hardware

Die in OMT realisierten Konzepte sind allgemein nutzbar und durch die Verwendung einer Hochsprache wie C++ weitgehend unabhängig von der verwendeten Maschine. Einige Komponenten spiegeln jedoch sehr genau die Fähigkeiten der Hardware wider. So ist der Dispatcher ein Modul, das auf die x86–Prozessoren im Real Mode abgestimmt ist. Das Umladen des Maschinenkontextes erfolgt im Vergleich zu den Möglichkeiten im Protected Mode recht traditionell über PUSH/POP–Anweisungen. Es werden nur die 16–Bit–

Register gerettet, und die Ununterbrechbarkeit wird durch Maskierung der externen Interrupts realisiert — eine PC–Architektur ist somit Voraussetzung.

Um auch die Low–Level–Funktionen zu verstehen, betrachten wir in diesem Abschnitt die Hardware–Architektur des PCs.

5.1.1 Aufbau eines Personal Computers

Das Blockschaltbild (Abbildung 5.1) zeigt die Komponenten eines PCs im Überblick. Kern des Rechners bildet die Zentralheit aus der Intel x86–Familie. Sein Datenbus ist mit den Speicherbausteinen (RAM) verbunden. Ebenfalls im Adreßraum des Hauptspeichers liegt der Videospeicher der Grafikkarte.

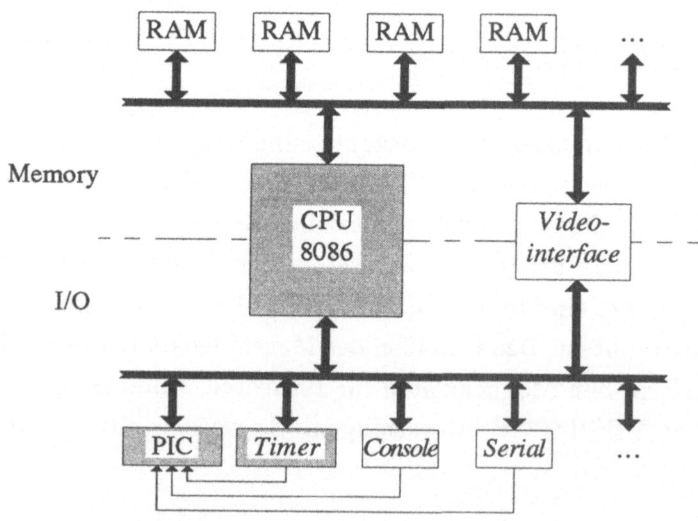

Abbildung 5.1: Blockschaltbild eines PCs

In der unteren Hälfte von Bild 5.1 sind die zahlreichen I/O–Bausteine eines PCs verzeichnet. Neben den Bausteinen zur Tastaturansteuerung, dem Floppycontroller, seriellen und parallelen Schnittstellen finden sich einige Chips von essentieller Bedeutung. Wichtigster Vertreter ist der Interruptcontroller, der die Bedienung der anderen Bausteine durch die CPU möglich macht. Zahlreiche Geräte sind deshalb mit je einer Leitung an diesen Baustein angeschlossen, unter ihnen der Timer (beide Schaltkreise sind grau unterlegt dargestellt).

Für ein paralleles Betriebssystem ist dieser Timer lebensnotwendig: Er sorgt für periodische Unterbrechungen des aktuellen Programmes und ermöglicht so exakte Zeitmessungen, zum Beispiel für das Round–Robin–Scheduling.

5.1.2 Die Architektur der x86–Prozessoren

Kern des IBM–PCs ist eine CPU der x86–Familie von Intel. Im ersten PC war dies ein 8088–Prozessor, der intern mit einem 16–Bit–breiten Registersatz ausgestattet war, die Zugriffe auf I/O–Bausteine und Speicher aber mit einem nur acht Bit breiten Datenbus ausführte. Die weiteren Entwicklungen aus dem Hause Intel, vom i286 bis hin zum Pentium, steigerten sowohl die Datenbus– als auch die Adreßbus– und Registerbreite. Auf DOS–Maschinen werden die zusätzlichen Eigenschaften aber kaum genutzt, so daß die Geschwindigkeitssteigerung durch die neuen Prozessoren im wesentlichen auf ihrer verbesserten Struktur und der heute möglichen hohen Taktraten beruht.

OMT wurde rein für den MS–DOS–PC ausgelegt; es reicht also, sich nur mit dem 8086 zu beschäftigen, obwohl damit genausogut die anderen Prozessoren bis zum Pentium (im Real Mode) gemeint sind.

Rechenwerk und Registersatz

Der 8086 ist intern in zwei Einheiten unterteilt: die Execution Unit und die Bus Interface Unit. Aufgabe der Execution Unit ist die Bearbeitung der Befehle, während die Bus Interface Unit die Schnittstelle zur Umgebung des Prozessors darstellt. Sie lädt Befehle und Operanden aus dem Speicher oder führt I/O-Zugriffe aus. Abbildung 5.2 zeigt den Aufbau des 8086 im Überblick.

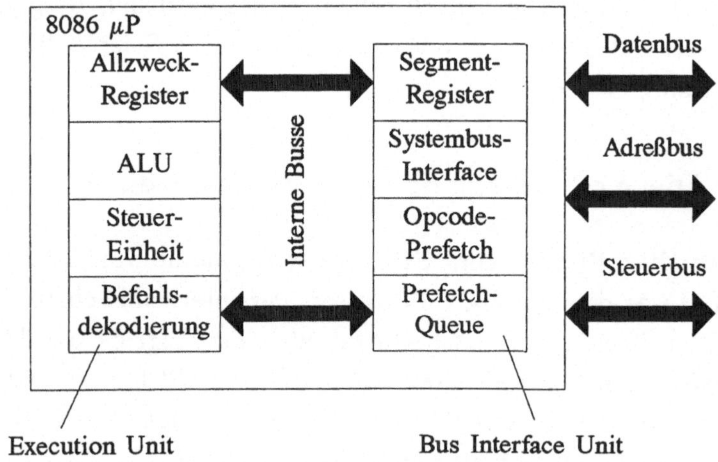

Abbildung 5.2: Der 8086 Mikroprozessor

Die durch die Bus Interface Unit gelesenen Opcodes werden intern an die Execution Unit geleitet. Diese decodiert den Befehl und übersetzt ihn in die sogenannten Mikrocodebefehle, die die Steuerung der einzelnen Ausführungs-Logikschaltungen übernehmen. Dazu zählen vor allem die ALU (Arithmetic Logical Unit) und die Registersteuerung. Nach der Ausführung wird das Ergebnis – je nach Befehl – entweder in einem Register abgelegt oder der Bus Interface Unit zur Speicherung im RAM übergeben. Die Bus Interface Unit kann jedoch nicht nur auf den Speicher zugreifen, sondern über eine spezielle Leitung des Steuerbus auch I/O–Geräte bedienen, die nicht im Speicher–Adressraum enthalten sind.

Die Zugriffe auf externen Datenspeicher benötigen immer kostbare Zeit und bremsen den Programmfluß stark ab. Deshalb verfügt der 8086 über eine Reihe von internen Speicherplätzen, den Registern, um Zwischenergebnisse oder Prozessorzustände anzuzeigen. Jedes dieser Register verfügt über eine Breite von 16 Bits. Es gibt verschiedene Gruppen von Registern:

- **Allzweckregister:** AX, BX, CX, DX können vom Programm beliebig verwendet werden. Jedes Register hat jedoch spezielle Bedeutungen für einzelne Befehle: AX dient zum Beispiel als Akkumulator, DX als Hilfsakku für 32–Bit–Arithmetikbefehle. Jedes dieser Register kann auch zweigeteilt als 8–Bit–Register angesehen werden (AH/AL, BH/BL etc.).

- **Zeigerregister:** Um Arrays oder Strings schnell bearbeiten zu können, werden die Register SI (Source Index) und DI (Destination Index) eingesetzt. Diese Register bilden Zeiger auf Speicheradressen und können von einigen Befehlen automatisch erhöht oder gesenkt werden.
  Ebenfalls zu dieser Registergruppe gehören der Zeiger auf den aktuellen Befehl (Instruction Pointer, IP), der Zeiger auf die aktuelle Stackspitze (Stack Pointer, SP) und der zusätzliche Stackpointer BP, der beim Zugriff auf Funktionsparameter und lokale Stackvariablen verwendet wird.

- **Steuerregister:** Das PSW (Program Status Word) ist ein 16–Bit–Register zur Anzeige des Maschinenstatus. Die Bits dieses Registers werden abhängig vom Ergebnis verschiedener Befehle gesetzt und können als Bedingungen für Verzweigungen abgefragt werden. Tritt zum Beispiel bei einer Addition ein Überlauf ein, setzt die CPU das Carry–Flag auf 1. Der Befehl JC (Jump if Carry) verzweigt in einen anderen Programmabschnitt, wenn Carry gleich 1 ist. Daneben gibt es Bits, die die Ausführung zum Beispiel der Stringbefehle beeinflussen.

- **Segmentselektoren:** Der Zugriff auf Speicher erfolgt beim 8086 innerhalb von 64 KBytes–Rahmen. Die Basis dieser 64k–Fenster wird von einem der vier Segmentselektoren bestimmt (CS für Code, DS für Daten, SS für den Stack und ES zur freien Verwendung), der Offset ergibt sich aus dem Stackpointer, dem Instruction Pointer oder anderen Offsetangaben.

Speicherverwaltung

Im Abschnitt über die Register des 8086 wurde kurz die Segmentierung des Speichers in Fenster mit einer Größe bis zu 64 KByte angesprochen. Dieses Merkmal der x86–Familie war eines der umstrittensten Details der Architektur, da es einen großen Vorteil, aber auch einen großen Nachteil mit sich bringt.

Der 8086 verfügt über 20 Adressleitungen und kann somit 1 MBytes (2^{20} Bytes) Speicher adressieren. Diese physikalischen Adressen werden nicht direkt im Programm codiert, sondern von der CPU bei jedem Speicherzugriff berechnet. Dazu wird einer der Segmentselektoren (zum Beispiel DS) um 4 Bits nach links verschoben und mit dem im Befehl codierten Offset addiert (Abbildung 5.3).

Etwas formeller ausgedrückt: Aus der Adresse $a : b$ (a = Segment, b = Offset) ergibt sich die physikalische Adresse p mit

$$p = a * 10\text{h} + b$$

A enthält also die Nummer des *Paragraphen*, an dem das Segment beginnt. Die Segment–/Offsetangaben a, b sind je 16 Bits breit, die

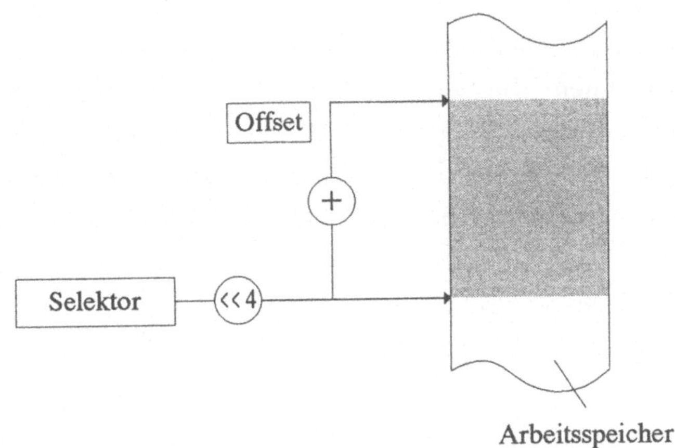

Abbildung 5.3: Umsetzung einer logischen Adresse

physikalische Adresse p variiert im Format von 20 Bits beim 8086 bis zu 32 Bits beim i486.

Gleiches gilt für Code und Stack: Hier wird jeweils der Inhalt von IP mit dem von CS oder der von SP mit SS zur physikalischen Adresse verrechnet. Das Programm kann, ohne einen der Segmentselektoren umzuladen, nur je 64 KBytes Code, Daten oder Stackspeicher ansprechen.

Der Nachteil dieses Konzeptes ist offensichtlich: Ohne die Selektoren zu verändern, kann ein Programm nur auf 64 KBytes pro Segment zugreifen, was vor allem bei großen Arrays hinderlich ist. Das ständige Umladen der Selektoren bei großen Datenbeständen geht aber auf die Performance der Software.

Trotzdem hat die Segmentierung ihren Sinn. Die meisten Module eines Programmes können wohl so programmiert werden, daß ihr Code in ein 64k–Segment paßt. Die Offsets innerhalb dieses Fensters werden vom Compiler zur Übersetzungszeit bzw. beim Linken berechnet und fest in der resultierenden Objektdatei hinterlegt. Wird das Programm vom Betriebssystem geladen, kann es den Code an eine beliebige Segmentadresse speichern, ohne die Offset–Adressen neu zu berechnen: Die Offsets relativ zu den Selektoren verändern sich ja nicht. Einzige Aufgabe des Betriebssystem ist, dafür zu sorgen, daß die Selektoren richtig geladen werden. Der Aufwand für sogenannte *executable loader* oder Overlayverwaltungen reduziert sich spürbar!

Befehlssatz

Die Prozessoren der x86–Familie zählen zu den CISC–CPUs (Complex Instruction Set Computers). Ihr Befehlssatz ist sehr umfangreich und reicht von NOP (No OPeration) bis zu Befehlen, die 65.536 Bytes im Speicher kopieren. Eine Beschreibung ist deshalb hier kaum möglich; ich empfehle [9] oder [14] als Referenz.

Das Format der 8086–Instructions ist für jeden Befehl gleich:

```
[prefix]  mnemonic      [operand1 [, operand2]]
```

Einige Befehle (wie NOP oder STC) bestehen nur aus einem Mnemonic (Befehlskürzel). Andere Befehle, vor allem Verzweigungsanweisungen, benötigten einen Operanden (zum Beispiel eine Sprungadresse). Die meisten Befehle (MOV, ADD, SUB etc.) erwarten zwei Operanden, wobei Operand 1 als Ziel–, Operand 2 als Quelloperand gilt. Die Anweisung

```
MOV     AX, BX
```

kopiert den Inhalt von BX nach AX. Diese auf den ersten Blick verwirrende Schreibweise kann man sich durch eine kleine Eselsbrücke verdeutlichen: in C würde die obige Anweisung mit

```
AX = BX;
```

codiert werden. Die Präfixe definieren Befehlsmodifikationen. So kann ein Befehl so oft, wie im CX Register angegeben ist, selbständig wiederholt werden.

Die Operanden können aus vielen Varianten zusammengesetzt sein. Die 8086 CPUs kennen von den meisten Befehlen Speicher–Speicher, Register–Speicher oder Speicher–Register – Varianten, die vom Programmierer beliebig eingesetzt werden dürfen. Es gibt für viele Befehle die folgenden Möglichkeiten:

Adressierungsart	Erläuterung
AX, BX, CX etc.	Register
Konstanten	direkte Adressierung (Variable, Sprungziel)
[SI], [DI]	Indirekte Adressierung mit Index
[SI+offset], [DI+offset]	Indirekte Adressierung mit Index und konstantem Displacement
[BP], [BX]	Indirekte Adressierung über Zeiger
[BP+offset], [BX+offset]	Indirekte Adressierung über Zeiger mit konstantem Displacement
[BP/BX] [SI/DI]	Indirekte Adressierung mit Zeiger und Indexwert
[BP/BX] [SI/DI] [Offset]	Indirekte Adressierung mit Zeiger, Indexwert und Displacement

Zur Berechnung einer Adresse werden bei den indirekten Zugriffen einfach die Inhalte aller beteiligten Register zuzüglich des optionalen Displacements addiert. Das Ergebnis dient als Offset für die Umsetzung zur physikalischen Adresse.

Die oben gezeigten Adressierungsmethoden erfolgen immer relativ zu einem Segmentselektor, der abhängig vom Befehl ist. So erfolgen Zugriffe mit dem BP–Zeiger relativ zum Stackselektor SS, während die Index–Adressierung relativ zum Datensegment arbeitet. Trotzdem hat der Programmierer durch „Operanden–Overriding“ die Möglichkeit, das Default–Segment zu überschreiben, indem er zum Beispiel die Anweisung

```
MOV    AX, ES:[BX]
```

codiert. Als Segmentselektor für diesen Befehl wird statt DS der Extraselektor ES verwendet.

Interruptverarbeitung

Eine alltägliche Situation: Wir diskutieren gerade ein Problem mit einem Kollegen, als das Telefon klingelt. Wir heben ab und beantworten kurz und knapp eine Anfrage des Chefs, um danach im Gespräch mit dem Kollegen, der das Ende des Anrufs abwartete, fortzufahren.

Die 8086–Prozessoren beherrschen dieses Konzept der Unterbrechungsverarbeitung genauso. Wird an einer speziellen Leitung ein Interrupt gemeldet, weil zum Beispiel die externe Peripherie die Aufmerksamkeit der CPU benötigt, unterbricht der Prozessor das aktuelle Programm, lädt vom Interruptcontroller die Nummer der Unterbrechungsquelle und verzweigt zum entsprechenden Interrupt–Verarbeitungsprogramm, das sich um das Gerät kümmert. Danach kehrt die CPU wieder zum unterbrochenen Programm zurück.

Um die Wiederaufnahme der ursprünglichen Aufgabe durchführen zu können, wird vor der Verzweigung zur Interrupt–Serviceroutine die Adresse des aktuellen Befehls auf den Stack gelegt, sowie das PSW gerettet. Alle anderen Register müssen nach Beendigung der Interruptfunktion im gleichen Zustand wie vor dem Interrupt sein, doch ist die Einhaltung dieser Regel Sache der Interruptfunktion.

C–Compiler retten deshalb in einer Interruptfunktion generell alle Register auf den Stack und laden sie vor dem Rücksprung zurück.

Die Adresse der Interruptfunktion bekommt die CPU aus einer Tabelle im RAM, die an der Adresse 0000:0000h beginnt. Für jeden der 256 Interrupts enthält sie eine Segment/Offset–Adresse, die als Sprungziel beim Start der Serviceroutine dient. Abbildung 5.4 zeigt das Speicherlayout der Interrupttabelle: Die gelesene Interruptnummer wird mit vier multipliziert und als Offset in der Interrupttabelle eingesetzt. An die an dieser Stelle stehende Adresse verzweigt die CPU, nachdem sie die Flags und den bisherigen CS:IP–Wert auf dem Stack gesichert hat.

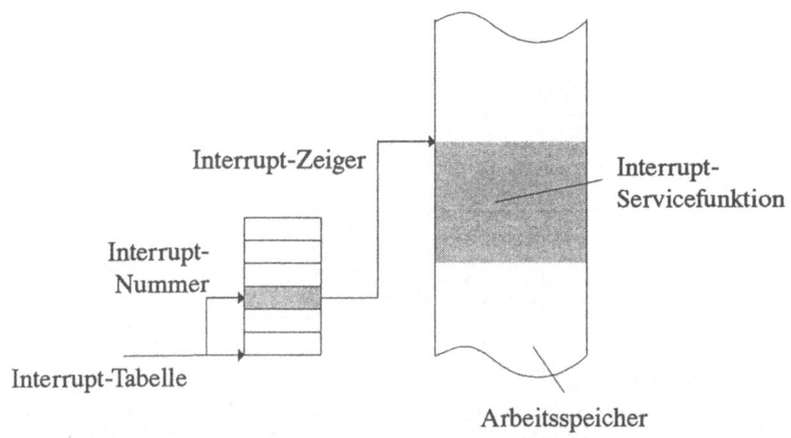

Abbildung 5.4: Verwendung der Interruptabelle

Die Unterbrechungen müssen nicht allein von externer Hardware ausgelöst werden: Über den Befehl INT n (n ist die Nummer des Interrupts) kann per Software in eine Interruptroutine verzweigt werden. MS–DOS nutzt dieses Konzept, um Programmen seine Funktionsschnittstelle anzubieten. Über den berühmten INT 21h steht die Welt der DOS–Funktionen jedem Programm offen.

5.1.3 Interruptcontroller

Einen Teil der Arbeit bei der Annahme eines Interrupts verlagert die CPU in einen externen Baustein, den PIC (Programmable Interrupt Controller). Dieser Baustein hat acht Anschlüsse für Interruptquellen wie Timer, serielle Schnittstellen oder Festplattencontroller. Nach bestimmten, konfigurierbaren Kritierien werden auftretende Interrupts an die Unterbrechungsleitung der CPU durchgeschaltet. Der Zugriff auf den PIC erfolgt mit speziellen I/O–Befehlen, da sich der PIC nicht im normalen Speicher–Adreßraum, sondern im I/O–Adreßraum befindet.

Das Bild 5.5 zeigt das Blockschaltbild des im PC verwendeten PIC vom Typ Intel 8259.

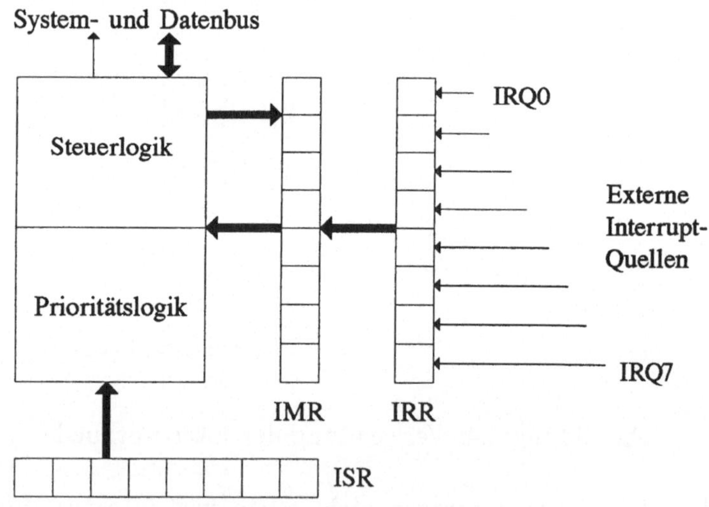

Abbildung 5.5: Aufbau des 8259 PIC

Ein an den Leitungen IRQ0 bis IRQ7 eingehender Interrupt wird zunächst im *Interrupt Request Register* (IRR) gespeichert. Ist der Interrupt nicht durch das *Interrupt Mask Register* (IMR) gesperrt, kann die Anforderung zugelassen werden. Über das Durchschalten des Interrupts entscheiden jedoch die Prioritätslogik (nur der wichtigste Interrupt wird weitergegeben) und das *Interrupt Service Register* (ISR). In diesem Register wird für jeden zugelassenen Interrupt ein Bit gesetzt. Wurde zum Beispiel IRQ5 an die CPU geleitet, ist im ISR das korrespondierende Bit 5 gesetzt. Bei normaler Prioritätverteilung können nurmehr die Interrupts 0 bis 4 zugelassen werden; IRQ5 bis IRQ7 werden nicht weitergeschaltet. Den Interruptquellen werden dadurch Wichtigkeitsgrade zugeordnet, wobei sichergestellt wird, daß die aktuelle Interruptbearbeitung nur durch ein höher priorisiertes Ereignis unterbrochen wird. Trotzdem gehen zur Zeit abgelehnte Anforderungen nicht verloren — das IRR speichert sie.

Da die 8086–CPU bis zu 256 Interrupts verarbeiten kann, aber nur eine Interruptleitung besitzt, liest der Prozessor nach Annahme eines Interrupts dessen Nummer vom PIC ein. Die IRQ–Leitungen werden dabei aufsteigende und aufeinander folgende Nummern zugeordnet; für IRQ0 kann eine Interruptnummer programmiert werden. Im PC ist dafür die Nummer 08h vorgesehen; IRQ7 löst folglich den Interrupt 0Fh aus.

Im normalen Betrieb muß ein Betriebssystem wie OMT nur in zwei Situationen auf den PIC zugreifen. Die eine ist, wenn sich das System in einer kritischen Region befindet, in der kein Kontextwechsel durchgeführt werden darf (zum Beispiel in Routinen des `ThreadManagers`). Vor dem Eintritt in eine derartige Prozedur werden deshalb alle für die Systemkonsistenz gefährlichen Interrupts — insbesondere der Timer–Interrupt, der im PC mit IRQ0 verbunden ist — im IMR abgeschaltet. In C erfolgt dies mit den Anweisungen

```
int retv;
retv = inp (0x21);
outp (0x21, retv|0x01);
```

Die Prozedur lädt zunächst den Inhalt des IMR in eine Variable und schreibt danach diesen Wert mit gesetztem Bit 0 zurück in den PIC. Die Freigabe des Interrupts nach der kritischen Region erfolgt einfach durch

```
oup (0x21, retv & 0xFE);
```

wobei `retv` den mit `inp()` gelesenen Wert enthält.

Der zweite Zugriff auf den PIC erfolgt in der Interrupt–Serviceroutine. Wie wir gesehen haben, setzt der PIC ein Bit im ISR, das die erfolgte Annahme eines Interrupts anzeigt. Der PIC hat jedoch keine Möglichkeit, das Verlassen einer Interruptroutine zu bemerken, so daß das ISR–Bit auch nach dem Ende der Serviceprozedur gesetzt bleibt. Die Folge: Alle anderen Interrupts bleiben nach wie vor gesperrt. Da dies wenig Sinn macht, schickt der Interrupthandler vor der Rückkehr zur normalen Programmausführung ein *End Of Interrupt*–Kommando (EOI) an den PIC, das das entsprechende Bit im ISR zurücksetzt. Es gibt verschiedene Varianten des EOIs; im PC genügt die einfachste Möglichkeit, die automatische EOI–Direktive (AEOI). Durch das C–Statement

```
outportb (0x20, 0x20);
```

löscht der PIC das höchstpriore ISR–Bit. Da der aktuelle Interrupt im PC immer derjenige mit der höchsten Priorität ist, funktioniert der Mechanismus ohne Probleme.

5.1.4 Timer

Eine für unser System wesentliche Interruptquelle ist der Timerchip 8254, der im PC als standardisierte Zeitbasis zur Verfügung steht. Der Baustein enthält drei Zählwerke (Timer), wobei Timer 0 und Timer 2 bzw. Timer 1 und Timer 2 kombiniert werden können. Die typische Programmierung im PC schaltet Timer 2 und Timer 0 hintereinander und initialisiert sie so, daß sie als Frequenzteiler arbeiten.

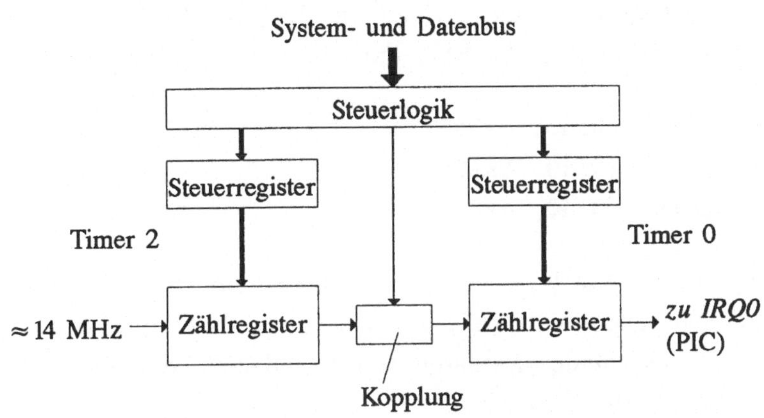

Abbildung 5.6: Timer–Konfiguration im PC

Der Ausgang von Timer 0 ist mit dem Eingang IRQ0 am PIC verbunden und löst bei der Standardprogrammierung alle 18,2 Millisekunden einen Interrupt aus. Dieser Wert ergibt sich aus der Quarz–getriggerten Eingangsfrequenz f_{2in} des Timers 2 von 14.31818 MHz. Sie wird durch das Zählwerk zur Eingangsfrequenz des Timers 0 geteilt:

$$f_{0in} = f_{2out} = \frac{f_{2in}}{12} = 1.19\text{MHz}$$

Beim Booten des PCs wird der Frequenzteiler mit dem maximalen Teilerwert initialisiert, so daß die Ausgangsfrequenz bei

$$f_{0out} = \frac{f_{0in}}{65536} = 18.2\text{Hz}$$

liegt.

Für OMT ist dieser Wert zu grob; die Timerfrequenz sollte angesichts des geringen Aufwands bei der Behandlung eines Timer–

Interrupts bei 1 KHz liegen. Der Timer wird im Startcode mit

$$T = \frac{f_{0in}}{1\text{KHz}} = 1193$$

für den Divisor programmiert.

Diese Umprogrammierung erfolgt in der `main()`–Funktion von OMT und wird erst in der Exit–Funktion wieder aufgehoben:

```
outportb (0x43, 0x24);
outportb (0x40, 0xA9);
outportb (0x40, 0x04);
```

In der ersten Zeile wird dem Timer mitgeteilt, daß Timer 0 im folgenden programmiert wird und zukünftig als Frequenzteiler arbeiten soll. Die beiden nächsten Zeilen stellen für den Timer 0 die neue Ausgangsfrequenz ein (Lo–Byte zuerst).

5.2 Die OMT-Komponenten im Detail

Dieser Abschnitt zeigt in einer Schnell–Referenz die Funktionsweise aller OMT–Klassen und –Systemaufrufe, die zur Implementierung neuer Kommunikations–Mechanismen oder eigener Applikationen notwendig sind. Im Anschluß an den Überblick finden sich die Quelltexte und Hinweise zur Generierung der Anwendungen auf der Diskette oder eigener Programme.

5.2.1 Speicherverwaltung

`operator new`

Der Operator new ist von OMT so überladen, daß die Speicherverwaltung der Runtime–Library für den gegenseitigen Ausschluß bei der Anforderung von Arbeitsspeicher sorgt. Für den Benutzer ist die Funktionsweise von new völlig transparent.

`operator delete`

Der Operator delete ist von OMT so überladen, daß die Speicherverwaltung der Runtime–Library für den gegenseitigen Ausschluß bei der Freigabe von Arbeitsspeicher sorgt. Für den Benutzer ist die Funktionsweise von delete völlig transparent.

5.2.2 Threadverwaltung

Basis der Threadverwaltung ist die globale Instanz `ThreadManager` der Klasse `ThreadManagement`. Diese Klasse realisiert die Ready–Queues und den Scheduler.

Die Ununterbrechbarkeit der Systemroutinen wird durch die Sperrung oder Freigabe der Hardware–Interrupts garantiert. Befindet sich die Programmausführung im Kern von OMT, wird der Timer–Interrupt, der als einzige Unterbrechungsquelle einen Threadwechsel auslösen kann, am PIC 8259 gesperrt, bzw. beim Verlassen des Kerns wieder freigegeben. Die beiden Funktionen `KERNELMODE()` und `USERMODE()` leisten dies. Sie sollten jedoch in Anwendungsprogrammen nicht eingesetzt werden: Ein „echtes“ Betriebssystem bietet keine derartigen Features, sondern nur Semaphore oder ähnliche Methoden zur Sicherstellung des gegenseitigen Ausschlusses.

`ThreadManager->ready (Base *thread, int preempt)`

Mit dieser Methode kann ein Statusübergang für einen Thread von blocked nach ready to run erfolgen. `thread` ist ein Zeiger auf den Thread, `preempt` gibt an, ob die Operation einen Taskwechsel auslösen soll: Voreinstellung ist `yes`, als Alternative ist `no` möglich.

Diese Methode wird vor allem von Kommunikations-Funktionen benötigt, die einen Thread aus der eigenen Queue ausketten und zur Ausführung bringen.

`Base* ThreadManager->block ()`

Das Gegenstück zu `ready` kettet den aktuellen Thread aus seiner Ready-Queue aus und liefert einen Zeiger auf den Thread zurück. Diese Methode wird von Kommunikations-Funktionen eingesetzt, die den aufrufenden Thread von running nach blocked verändern wollen.

`ThreadManager->yield (int rrsched)`

Der Aufruf von `yield()` erzwingt einen Threadwechsel. Wurde der aktuelle Thread zuvor mit `block()` aus der Ready-Queue entfernt, findet ein normaler Wechsel zum nächsten Thread statt; ansonsten wird zuvor der aktuelle Thread ans Ende seiner Ready-Queue gestellt (Round-Robin-Scheduling). Als Parameter kann angegeben werden, ob ein Herabsetzen der Priorität stattfinden soll (`rrsched=yes`) oder nicht (`rrsched=no`, default). Das Multilevel-Feedback-Scheduling wird damit abhängig vom Wechselgrund sichergestellt: Wurde ein Thread geweckt, ist rrsched=no; bei einem Timeout wird `rrsched=yes` gesetzt.

Der Interrupthandler für den Timer benutzt diese Funktion, um beim Erwachen eines Threads oder bei Erreichen des Zeitscheibenendes einen Kontextwechsel auszulösen.

`ThreadManager->end ()`

Diese Methode beendet den aktuellen Thread. Der Thread wird aus der Ready-Queue ausgekettet und mit `delete` gelöscht. Die Funktion wird implizit nach Beendigung der `threadcode()`-Methode aufgerufen.

5.2.3 Threads

Alle Threads in OMT werden als Klasse, abgeleitet von `Base`, definiert. Eine neue Threadklasse muß mindestens den Konstruktor und die Methode `threadcode()` überladen. Im Konstruktor wird im allgemeinen der Aufruf von `create()` erfolgen; `threadcode()` ist die eigentliche Ausführungsmethode. In allen Beispielen ruft der Konstruktor die Funktion `create()` auf, so daß zum Starten eines neuen Threads das Statement

```
new Thread;
```

ausreicht.

Die Threads können folgende Methoden der Klasse `Base` verwenden:

`int Base::create (int stacksize, int pr)`

Diese Methode führt die Transition von not exist nach ready to run durch. Sie erzeugt den Taskstack, initialisiert ihn, setzt die Priorität und ruft `ThreadManager->ready (this)` auf. Die Parameter der Methode bestimmen die Größe des Threadstacks in Bytes und seine anfängliche Priorität. Das Ergebnis der Methode ist Null im Erfolgsfall und −1, wenn für den Stack kein Speicher zugewiesen werden konnte.

`int Base::getprior ()`

Die Methode liefert die aktuelle Priorität des Threads im Bereich 0..15 zurück.

`Base::setprior (int pr)`

Die Methode setzt die Priorität des Threads auf einen neuen Wert. Gültige Angaben liegen im Bereich von 0..15, wobei auf Stufe 0 (höchste Priorität) keine dynamische Anpassung der Priorität nach dem MLF–Algorithmus erfolgt. Wichtig ist, daß die Prioritätsänderung erst beim nächsten Kontextwechsel gültig wird.

5.2.4 Kommunikation

Die Kommunikationsmittel von OMT — Signale, Semaphore und Botschaften — sind in drei Klassen implementiert, die jeweils von `Queue` abgeleitet oder mit dieser Klasse assoziiert sind.

Semaphore

Die Semaphore sind durch die Klasse `Semaphor` definiert. Diese Klasse ist von `Queue` abgeleitet und enthält neben dem Konstruktor zwei Methoden. Der Konstruktor der Klasse bekommt als Parameter den Initialwert des Semaphors (als Voreinstellung wird 1 angenommen).

`Semaphor::p()`

Realisiert die p–Operation auf das Semaphor: Ist der Wert des Semaphors größer Null, wird es dekrementiert; andernfalls wird der Thread blockiert und ans Ende der Semaphor–Queue gestellt.

`Semaphor::v()`

Das Gegenstück zu `p()` bildet die v–Operation: Enthält die Semaphor–Queue einen oder mehrere Threads, so wird gemäß FIFO der erste Thread ready to run; ist die Queue leer, so wird das Semaphor inkrementiert.

Signale

Die Signale sind ähnlich zu den Semaphoren implementiert. Sie werden durch die Klasse `Signals` definiert und ebenfalls von `Queue` abgeleitet. Im Gegensatz zu den Semaphoren gibt es keinen Parameter für den Konstruktor, der den „Signal–Speicher" auf Null initialisiert. Die Klasse enthält zwei Methoden:

`Signals::wait()`

Wurde zuvor ein `signal()`–Aufruf ohne Erweckung eines Threads ausgeführt, so wird der Signalspeicher gelöscht; andernfalls blockiert der Thread und wird der eigenen Queue zugefügt.

`Signals::signal()`

Sind in der eigenen Queue Threads enthalten, so werden *alle* Threads ready to run und der Signalspeicher gelöscht; andernfalls wird der Signalspeicher gesetzt.

Botschaften

OMT realisiert eine etwas aufwendigere Version des Botschaftstransports mit Briefkästen, da die Aufrufe `send()` und `recv()` auch nicht–blockierend durchgeführt werden können. Die Kapazität der Mailboxen wird über den #define–Wert `QLEN` (in OMT.HPP) festgelegt; die maximale Länge der Botschaften definiert `MSGLEN`.

Die Klasse `Mailbox` definiert die Briefkästen. Sie verfügt über einen Ringpuffer für die Botschaften, zwei Zeiger auf die Einträge dieses Puffers sowie über zwei Queues (je eine für Sender und für Empfänger). Neben dem Konstruktor gibt es die Aufrufe zum Senden und Empfangen von Botschaften:

`int Mailbox::send (mailrec &mail, int mode)`

`send` „wirft" eine Botschaft `mail` in den Briefkasten. `mode` gibt an, ob im Fall, daß die Mailbox voll ist, der Thread blockiert (`mode=WAIT`, default) oder mit Fehlermeldung endet (`mode=NOWAIT`). Durch den Aufruf dieser Funktion wird der erste Thread in der Empfänger–Queue geweckt. Das Ergebnis der Funktion ist `QREADY` im Erfolgsfall oder `QFULL`, wenn `mode=NOWAIT` gewählt wurde und die Mailbox voll ist.

`int Mailbox::recv (mailrec &mail, int mode)`

`recv()` liest eine Nachricht aus dem Briefkasten in `mail` ein. Der aufrufende Thread wird blockiert, wenn die Mailbox leer und `mode=WAIT` (default) ist. Ist die Mailbox leer und `mode=NOWAIT`, endet der Aufruf mit einer Fehlermeldung. Durch den Aufruf dieser Methode wird der erste Thread der Sender–Queue geweckt. Das Ergebnis der Funktion ist `QREADY` im Erfolgsfall, oder `QEMPTY`, wenn `mode=NOWAIT` gewählt wurde und die Mailbox leer ist.

5.2.5 Zeitverwaltung

Über den `ClockManager`, eine globale Instanz der Klasse `SleepClockQueue`, können Threads ihre Ausführung zeitweilig unterbrechen. Der `ClockManager` unterhält dazu eine Thread–Queue, in der die „schlafenden" Threads eingereiht werden. In einem Feld des Thread–Carriers werden die Schlaf–Zeiten verwaltet. Der Interrupthandler für den Timer ruft periodisch die Methode `chkticks()`

auf, die die Zeitfelder der Threads dekrementiert und Threads, die den Wert 0 erreichen, wieder in ihre Ready-Queue einfügt. Hat ein erwachender Thread höhere Priorität als der laufende Thread, so wird dieser verdrängt.

`ClockManager->sleep (unsigned int ticks)`

Die Methode `sleep()` suspendiert einen Thread zeitweilig von der Ausführung. Der Parameter `ticks` gibt die Zeitdauer in Millisekunden an. Die Priorität des Threads erhöht sich durch diesen Aufruf.

5.3 Quelltexte

Die Bestandteile von OMT, die im folgenden Abschnitt ausführlich kommentiert abgedruckt sind, finden sich auf der Diskette im Verzeichnis `src`. Die exakte Implementierung kann geringfügig von der eher konzeptionellen Darstellung in den Kapiteln 3 und 4 abweichen.

Gemeinsame Definitionen

Die Datei `omt.hpp` wird als Include-Datei für alle OMT-Module verwendet. Sie enthält alle Klassendefinitionen, Konstantenvereinbarungen und Funktionsprototypen, die in den einzelnen Komponenten implementiert werden. In den Quelltexten von Anwendungsprogrammen dient OMT.HPP als Schnittstellen-Definition zum System.

```
// ---------------------------------------------------
// Projekt: OMT 1.2
// Modul  : OMT.HPP
//
```

```
// Definiert die internen und externen Schnittstellen
// der Objekte, die Objektklassen sowie weitere, gemeinsam
// genutzte Bezeichner
//
// Sprache: C++
// Tools  : Turbo C++ 3.0
//
// Markus Weinlaender
// 21.05.1994
//
// Copyright (C) Verlag Vieweg 1995. All rights reserved.
// -------------------------------------------------------

#ifndef _OMT_HPP_
#define _OMT_HPP_

#include <stdlib.h>
#include <dos.h>

// Die folgenden DEFINEs dienen der Konfiguration des
// Systems. Sie koennen auch erst beim Uebersetzen ange-
// geben werden.

// QLEN und MSGLEN koennen extern definiert werden. QLEN
// ist die Groesse der Mailboxes, MSGLEN die Laenge eines
// einzelnen Eintrages.

#ifndef QLEN
#define QLEN    0x20
#endif

#ifndef MSGLEN
#define MSGLEN  0x20
#endif

// TIMESLICE legt die Dauer der Zeitscheiben fuer das
```

```
// Round-Robin-Scheduling fest.

#ifndef TIMESLICE
#define TIMESLICE 100
#endif

// sonstige DEFINEs

#define no   0
#define yes  1

//  Memory Management: die Operatoren "new" und "delete"
//  werden ueberladen, um die Speicherverwaltung fuer
//  parallele Anwendungen abzudichten.

extern void *operator new   (size_t size);
extern void operator delete (void* mem);

//  Schliesslich noch eine Reihe interner Funktionen,
//  Interruptfunktionen und Assembler-Adapter

//  Der Dispatcher
extern "C" void dispatcher (void);

//  Adapterfuntkion zwischen Dispatcher und Scheduler
extern "C" long schedule_adapt  (long);

//  Sperren/Freigeben der Interrupts
extern "C" int  KERNELMODE (void);
extern "C" void USERMODE   (int value=0);

//  Interrupthandler fuer Timer-Interrupt und Ctrl-Brk
extern     void interrupt  clock_adapt     (...);
extern     void interrupt  break_req       (...);

// Die globalen Variablen dienen zum Speichern der alten
```

```
// Interrupthandler, zeigen eine Betaetigung der Ctrl-Brk-
// Taste an (break_requested == 1), dienen als Zaehler fuer
// das Round-Robin-Scheduling (clock_ticks), zeigen einen
// Coprozessor im System (coprz == 1) und die Ausfuehrung
// einer DOS-Funktion (*indos > 0) an.

extern    void interrupt  (*oldhandler_1Bh) (...);
extern    void interrupt  (*oldhandler_08h) (...);
extern    int             break_requested;
extern    char            coprz;
extern    char far *      indos;
extern   int             clock_ticks;

// Forward-Deklaration fuer den ThreadManager:

class ThreadManagement;

//  Deklaration der Klasse Base
//  diese Klasse ist der "Urvater" aller Threadobjekte

class Base
{
public:
                   Base         ();
                   ~Base        ();
    int            getprior     ();
    void           setprior     (int pr);

private:
    int            *stack,
 prioritaet;
    long           actsp;
    void           threadentry ();
    long           getstack     ();
    void           setstack     (long asp);
```

```
protected:
    int          create      (int stacksize, int pr);
    virtual void threadcode  ();

friend
    class ThreadManagement;
};

// Die Klasse Main beschreibt den Hauptthread des Systems.
// Die Methode "threadcode" wird vom Anwender implementiert.

class Main:public Base
{
public:
                 Main      ();
protected:
    virtual void threadcode ();
};

//  Die Klasse Idle laeuft auf niedrigster Prioritaet und
//  dient nur als Notnagel fuer den Scheduler, wenn er
//  keinen anderen Thread mehr starten kann. Ausserdem
//  startet Idle den Main-Thread.

class Idle:public Base
{
public:
                 Idle      ();
protected:
    virtual void threadcode ();
};

// Die Thread-Container beinhalten Zeiger auf den Thread,
// Links fuer eine doppelt verkettete Liste sowie Zaehler
```

```
class Carrier
{
public:
    Carrier       *next,
                  *prev;
    Base          *thread;
    unsigned long timer,
                  counter;
    Carrier       (Carrier *listelement = NULL);
    ~Carrier      ();
};

// Es folgen die Verwaltungsobjekte.
// Wichtigstes Grundobjekt ist die Threadqueue nach FIFO

class Queue
{
public:
    Carrier *first,
            *last;
            Queue   ();
            ~Queue  ();
    void    link    (Base *entry);
    Base*   unlink  ();
};

//  Ein moegliches IPC-Mittel ist das Semaphor, das zur
//  Sicherstellung des Gegenseitigen Ausschlusses
//  verwendet wird.

class Semaphor:public Queue
{
private:
    int semaval;
public:
         Semaphor (int sema_init=1);
```

```
    void p        ();
    void v        ();
};

// Ein weiteres Mittel fuer IPC sind Signale

class Signals:public Queue
{
private:
    int sigflag;
public:
         Signals (void);
    void wait    ();
    void signal  ();
};

// Die dritte unterstuetzte IPC-Methode ist Message
// Passing ueber Mailboxes.
// Zuerst einige Konstanten fuer den Umgang und
// die Skalierung der Briefkaesten.

// optionale Parameter fuer "mode" bei send/recv

#define WAIT    0x00
#define NOWAIT  0x01

// moegliche Ergebnisse von send/recv

#define QEMPTY  0x00
#define QFULL   0x00
#define QREADY  0x01
#define QERROR  0xffff

// Eine Message hat grundsaetzlich den folgenden Aufbau:

struct mailrec
```

```
{
    int  len;
    char msg [MSGLEN];
};

// Es folgt die Definition der Mailbox selbst:

class Mailbox
{
public:
        Mailbox  ();
        ~Mailbox ();
    int send     (mailrec &mail, int mode=WAIT);
    int recv     (mailrec &mail, int mode=WAIT);
private:
    mailrec  mails [QLEN];
    int      mailcount,
             isend,
             irecv;
    Queue    qs, qr;
};

//  Auf Queues bauen auch ThreadManagement und Uhr auf.

//  Das ThreadManagement verwaltet 16 Ready-Queues
//  nach Prioritaeten geordnet;
//  innerhalb einer Prioritaetsstufe wird mit Round-Robin
//  gearbeitet (nicht Stufe 0)

class ThreadManagement
{
public:
    void  ready              (Base* thread, int preempt=1);
    Base* block              ();
    void  end       ();
    void  yield      (int rrsched=no);
```

```
        ThreadManagement  ();
        ~ThreadManagement ();

private:
    Base  *actualthread;
    int   actualqueue;
    Queue ready_queues    [16];

protected:
    long  schedule          (long stckptr);

friend
    long  schedule_adapt    (long);
};

// Die einzige Instanz ist der ThreadManager, der in main()
// aufgesetzt wird.

extern          ThreadManagement  *ThreadManager;

//  Die SleepClockQueue verwaltet die "schlafenden" Threads
//  in einer Liste; regelmaessig vom Timer angestossen,
//  wird ein "ausgeschlafener" Thread geweckt und in die
//  Ready-Queue befoerdert.

class SleepClockQueue:public Queue
{
protected:
    int  chkticks ();

public:
    void sleep   (unsigned long ticks);

friend
    void interrupt clock_adapt (...);
};
```

```
// Die einzige Instanz ist der ClockManager (ebenfalls in
// main() erzeugt).

extern          SleepClockQueue *ClockManager;

#endif
```

Interruptroutinen und Hilfsfunktionen

Es ist schwierig, Objektmethoden von Assemblerprogrammen aus aufzurufen. Ganz unmöglich ist die Realisierung von Methoden als Interrupt–Prozeduren: Der Compiler verbietet dies. Im Modul `omtadapt.cpp` sind deshalb verschiedene C–Funktionen realisiert, die als Adapter zwischen Assembler– und C++–Routinen bzw. als Interrupt–Serviceprozeduren verwendet werden.

Zwei weitere Funktionen erlauben die Nachbildung eines „Kernel Mode" im Real Mode der Intel x86–Prozessoren.

```
// ---------------------------------------------------------
// Projekt: OMT 1.2
// Modul  : OMTADAPT.CPP
//
// Verschiedene Zusatzfunktionen bzw. Adapter zu
// den Assemblerroutinen
//
// Sprache: C++
// Tools  : Turbo C++ 3.0
//
// Markus Weinlaender
// 21.05.1994
//
// Copyright (C) Verlag Vieweg 1995. All rights reserved.
// ---------------------------------------------------------
```

```
#include <omt.hpp>
#include <dos.h>
#include <conio.h>

int clock_ticks = 0;
int found;

// Eine Adapterfunktion von Assembler (Funktion Dispatcher)
// nach C++

long schedule_adapt (long stack)
{
    return ThreadManager->schedule (stack);
}

// Interrupthandler fuer Int 1B (Ctrl-Brk): setzt
// break_requested = 1. Der naechste Scheduler-Aufruf
// wird OMT beenden.

void interrupt break_req (...)
{
    break_requested = 1;
}

// Der Kernel Mode des Prozessors wird durch Sperrung
// aller Interrupts, die einen Taskwechsel ausloesen
// koennen (d.h. den Timer-Interrupt), auf dem 8259-PIC
// nachgebildet.

// KERNELMODE sperrt den Timer-Interrupt und gibt den
// bisherigen Zustand des Controllers zurueck.

int KERNELMODE ()
{
    int retv;
```

```
    retv = inp (0x21);
    outp(0x21, retv|0x01);
    return retv;
}

// USERMODE hebt die Sperrung wieder auf. Als Parameter
// kann der neue Wert des Interrupt Mask Registers (IMR)
// angegeben werden; Default ist 0 (=keine Ints gesperrt).

void USERMODE (int value)
{
    outp (0x21,value);
}
```

Speicherverwaltung

Die Operatoren `new` und `delete` werden in C++ zur Speicherverwaltung eingesetzt. Da die dahinter stehende Borland Runtime Library nicht für den Einsatz in paralleler Software vorbereitet ist, sind die entsprechenden Routinen nicht *reentrant*: Befindet sich ein Thread bei seiner Verdrängung im Code des Operators new, und ruft der nächste Thread ebenfalls new auf, stürzt das System ab. Normalerweise werden solche *mutual exclusion*–Probleme durch den Einsatz von Semaphoren gelöst, doch die Implementierung der Semaphore benötigt selbst dynamisch Speicher, der über `new` oder `delete` verwaltet wird. Als Abhilfe werden deshalb die beiden Operatoren durch Nutzung der Funktionen `KERNELMODE()` und `USERMODE()` Multithreading–fähig implementiert.

```
// -------------------------------------------------------
// Projekt: OMT Version 1.2
// Modul   : OMTMEM.CPP
//
// Implementierung einer Memory Management Software
```

```
//
// Sprache: C++
// Tools   : Borland C++ 3.0
//
// Markus Weinlaender
// 20.09.1994
//
// Copyright (C) Verlag Vieweg 1995. All rights reserved.
// -------------------------------------------------------

#include <omt.hpp>
#include <mem.h>
#include <stdio.h>

// Die Speicherverwaltung von OMT beruht auf der Runtime-
// Library. Sie wird durch die ueberladenen Operatoren NEW
// und DELETE jedoch "multithreading-sicher"!

void *operator new (size_t size)
{
    int state = KERNELMODE();
    void *ret = malloc (size);
    USERMODE(state);
    return ret;
}

void operator delete (void* mem)
{
    int state = KERNELMODE();
    free (mem);
    USERMODE(state);
}
```

Boot–Modul

Der Hochlauf von OMT unterscheidet sich von einem richtigen Betriebssystem insoweit, daß OMT als normales DOS–Programm gestartet wird. Das System kann deshalb zum einen auf DOS–Funktionen zurückgreifen, zum anderen die Initialisierungsarbeit konventionell in der main()–Funktion ausführen. Daneben implementiert `omtmain.cpp` eine Funktion zum sauberen Beenden von OMT, in der der Timer wieder auf seine Voreinstellung gebracht wird und die alten Interrupthandler erneut aufgesetzt werden.

```
// ------------------------------------------------------------
// Projekt: OMT 1.2
// Modul  : OMTMAIN.CPP
//
// "Bootet" das System und raeumt den PC bei der Rueckkehr
// nach DOS wieder ordentlich auf.
//
// Sprache: C++
// Tools  : Turbo C++ 3.0
//
// Markus Weinlaender
// 21.05.1994
//
// Copyright (C) Verlag Vieweg 1995. All rights reserved.
// ------------------------------------------------------------

#include <omt.hpp>

#include <stdlib.h>
#include <dos.h>
#include <bios.h>
#include <stdio.h>

// Deklaration der Systemkomponenten
```

```
ThreadManagement *ThreadManager;
SleepClockQueue *ClockManager;

// Deklaration einiger Variablen

int         break_requested = 0;
char        coprz           = 0;
char far*   indos;

// Speicherung der bisherigen Interrupthandler

void        interrupt (*oldhandler_1Bh) (...);
void        interrupt (*oldhandler_08h) (...);

// Restaurieren der Interrupts beim Ausstieg aus dem
// System, Re-Programmierung des Timers und Umschaltung
// in den Standard-Videomodus (Assembler-Statements).

void restore_interrupt ()
{
    KERNELMODE ();
    setvect  (0x1B, oldhandler_1Bh);
    setvect  (0x08, oldhandler_08h);
    outportb (0x43, 0x24);
    outportb (0x40, 0xff);
    outportb (0x40, 0xff);
    asm {
        mov  ax,3
        int  0x10
    }
    nosound();
    USERMODE ();
}

// Die Kiste 'hochfahren:
```

```
void main ()
{
    printf ("OMT  Version 1.2  Copyright (C) \
1995 Verlag Vieweg\n");

// Pruefen, ob OMT in einer Windows-DOS-Box ausgefuehrt wird
    asm {
        MOV     AX,0x1600
        INT     0x2F
        SUB     AX,0x1600
        OR      AL,AH
        MOV     coprz,AL
    }
    if (coprz)
    {
        printf ("Can't run under Microsoft's Windows.\n");
        exit(0);
    }

// Coprozessor feststellen
    if ((coprz = biosequip() & 0x02)!=0)
        printf ("x87 numeric extension unit detected.\n");

    printf ("time slice = %i msec.\n", TIMESLICE);
    printf ("The system is coming up...");


// Timer programmieren
    KERNELMODE ();
    outportb (0x43, 0x24);
    outportb (0x40, 0xA6);
    outportb (0x40, 0x04);

// INDOS-Adresse holen
    asm {
```

```
        MOV  AH,0x34
        INT  21h
        MOV  WORD PTR indos,BX
        MOV  WORD PTR indos+2,ES
    }

// Ctrl-Brk und Timer-Interrupt umleiten
    oldhandler_1Bh = getvect (0x1b);
    oldhandler_08h = getvect (0x08);
    setvect  (0x1B, break_req);
    setvect  (0x08, clock_adapt);

// Abraeumprozedur vereinbaren
    atexit   (restore_interrupt);
    printf ("\rready!              \n\n");

// Systemkomponenten erzeugen
    ThreadManager = new ThreadManagement;
    ClockManager  = new SleepClockQueue;

// Los geht's!
    USERMODE();
    new Idle;
}
```

FIFO–Queues

Warteschlangen für Threads sind ein ganz wesentlicher Grundbaustein für jedes Betriebssystem. In `omtqueue.cpp` werden sowohl die Thread–Carrier, die die Threads als doppelt verkettete Liste organisieren können, als auch die FIFO–Queues implementiert.

```
// ------------------------------------------------------------
// Projekt: OMT 1.2
// Modul  : OMTQUEUE.CPP
```

```
//
// Implementiert die Queue-Verwaltungsklassen
//
// Sprache: C++
// Tools  : Turbo C++ 3.0
//
// Markus Weinlaender
// 21.05.1994
//
// Copyrigth (C) Verlag Vieweg 1995. All rights reserved.
// ---------------------------------------------------------

#include <omt.hpp>
#include <stdlib.h>

//  Implementierung der Klassen-Container
//  Diese Thread-"Traeger" werden zum Aufbau von
//  Thread-Listen verwendet. Sie koennen selbstaendig
//  eine doppelt verkettete Liste mit ihresgleichen
//  aufbauen und enthalten zwei frei verfuegbare
//  Zaehler sowie Zeiger zur Kettenverwaltung und
//  auf den assoziierten Thread. Vorteil: An den
//  Threads wird bei irgendwelchen Listenoperationen
//  kein Bit gedreht.

//  Konstruktor haengt neuen Carrier in die bestehende
//  Liste NACH "listelement" ein

Carrier::Carrier (Carrier *listelement)
        :timer (0), counter (0), next (NULL),
         prev (NULL), thread (NULL)
{
    if (listelement == NULL)
        return;
    if (listelement->next != NULL)
    {
```

```
        listelement->next->prev = this;
        next = listelement->next;
    }
    listelement->next = this;
    prev = listelement;
}

// Der Destruktor kettet ein Element aus und
// repariert die Liste

Carrier::~Carrier ()
{
    if (prev != NULL)
        prev->next = next;
    if (next != NULL)
        next->prev = prev;
}

// Die Klasse Queue kann eine FIFO-Warteschlange
// aus Carriern aufbauen und verwalten

Queue::Queue ()
    :first (NULL), last (NULL)
{}

Queue::~Queue ()
{}

// link() haengt einen Thread ans Ende der
// aktuellen Warteschlange.

void Queue::link (Base* entry)
{
    last = new Carrier (last);
    if (first == NULL)
        first = last;
```

```
    last -> thread = entry;
}

// unlink() wirft den ersten Thread in der Queue
// aus der Warteschlange.

Base* Queue::unlink ()
{
    Carrier *tmp;
    Base* c;

    if ((tmp = first)==NULL)
        return NULL;
    first = first -> next;
    c = tmp->thread;
    delete tmp;
    if (first == NULL)
        last = NULL;
    return c;
}
```

Thread–Implementierung

Die Threads in OMT werden grundsätzlich von der Klasse `Base` abgeleitet, die die Basisfunktionalität eines Threads bereitstellt. Darunter ist vor allem die Methode `create()` zu verstehen, die eine Objektinstanz erst zum Thread im engeren Sinn werden läßt.

Ferner sind in `omthread.cpp` zwei „Default"–Threads realisiert: Der Thread `Idle` stellt die zuverlässige Terminierung des Schedulers sicher; `Main` dient dem Applikationsprogrammierer als Startthread.

```
// ---------------------------------------------------------
// Projekt: OMT 1.2
// Modul   : OMTHREAD.CPP
```

```
//
// Implementiert die Thread-Klassen:
//  - Base als uebergeordnete Basisklasse
//  - Main als Initialisierungsthread
//  - Idle als Scheduler-Notnagel
//
// Sprache: C++
// Tools  : Turbo C++ 3.0
//
// Markus Weinlaender
// 21.05.1994
//
// Copyright (C) Verlag Vieweg 1995. All rights reserved.
// -----------------------------------------------------

#include <omt.hpp>
#include <stdio.h>

//  Die Konstante __version gibt an, an welchem Feld des
//  Ausdrucks &Base::threadentry sich die tatsaechliche
//  Offset-Adresse der Methode verbirgt. __version ist
//  abhaengig von der Compiler-Version.

#ifndef __BCPLUSPLUS__
#define __BCPLUSPLUS__ __TCPLUSPLUS__
#endif

const int __version = ( __BCPLUSPLUS__ <= 0x200) ? 2 : 0;

// Es folgt die Implementierung des Basisthreads Base

// Konstruktor: macht gar nichts

Base::Base ()
{}
```

```
// Destruktor: raeumt den Threadstack ab

Base::~Base ()
{
    delete stack;
}

//  Einsprungsadresse in den Threadcode (der Umweg
//  ueber die Funktion threadentry erleichtert die
//  Berechnung der Startadresse in Base; threadcode()
//  ist ja eine virtual-Methode!)

void Base::threadentry ()
{
    threadcode ();
    ThreadManager->end ();
}

//  Der eigentliche Threadcode: hier leer

void Base::threadcode ()
{}

//  Handling fuer den aktuellen Stackpointer

void Base::setstack (long asp)
{
    actsp = asp;
};

long Base::getstack ()
{
    return actsp;
}

// Prioritaetshandling
```

```
int Base::getprior ()
{
    return prioritaet;
}

void Base::setprior (int pr)
{
    prioritaet = pr;
    if (prioritaet > 15)
        prioritaet = 15;
    if (prioritaet < 0)
        prioritaet = 0;
}

// Vorinitialisierung des Stacks
// Diese Funktion wird normalerweise aus dem Konstruktor
// der Threadklasse aufgerufen. Erster Parameter ist die
// Stackgroesse in Byte, zweiter Parameter ist die
// Startprioritaet des Threads. Ergebnis ist 0, wenn alles
// glatt ging, und -1, wenn fuer den Stack kein
// Platz zur Verfuegung stand.

int Base::create (int stacksize, int pr)
{
    int  *tmp,
         *intp,
         count;
    long *this_tmp;
    void (Base::* help) ();

    stacksize   /= 2;
    stack        =  new int [stacksize];
    if (stack == 0)
        return -1;
```

```
// Den Stack vorbelegen (mit dem this-Zeiger)
    tmp          =  stack + (stacksize-8);
    this_tmp     =  (long*) tmp;
    *this_tmp    =  (long) this;
    tmp--;
    tmp--;
    *(tmp--)     =  0;

// Einsprungadresse auf den Stack
    *(tmp--)     =  _CS;
    help         =  &Base::threadentry;
    intp         =  (int*) &help;
    *(tmp--)     = *(intp+ __version);

// Die restlichen Register auf den Stack legen;
// Reihenfolge:
// PSW - AX - BX - CX - DX - BP - SI - DI - ES - DS
// (CS und IP liegen durch den CALL-Befehl, mit dem der
// Dispatcher aufgerufen wurde, bereits auf dem Stack)
    *(tmp--)     =  0xf202;
    *(tmp--)     =  0;
    *(tmp--)     =  0;
    *(tmp--)     =  0;
    *(tmp--)     =  0;
    *(tmp--)     =  0;
    *(tmp--)     =  0;
    *(tmp--)     =  0;
    *(tmp--)     =  _DS;
    *(tmp)       =  _ES;

// Bei einem System mit i87-Prozessor: Coprozessor-Kontext
// auf den Stack
    if (coprz)
    {
        tmp--;
        for (count = 0; count<40; count++)
```

```
            *(tmp--)    = 0x0000;
        *(tmp--)    = 0x8000;
        *(tmp--)    = 0xdb13;
        *(tmp--)    = 0x801e;
        *(tmp--)    = 0xdbc3;
        *(tmp--)    = 0xFFFF;
        *(tmp--)    = 0x0000;
        *(tmp)      = 0x1372;
    }

// Aktuellen SS:SP speichern
    actsp       =  (long) tmp;

// Prioritaet setzen und den Thread "ready to run" machen
    setprior   (pr);
    ThreadManager->ready (this);

    return 0;
}

// Der Idle-Thread macht nichts anderes, als die CPU
// abzugeben. Er dient dazu, den Scheduler sicher zu
// terminieren und laeuft auf niedrigster Prioritaet.
// Daneben startet er den "Main"-Thread.

void Idle::threadcode ()
{
    new Main;
    while (1)
        ThreadManager->yield (yes);
}

// Idle erzeugen und starten:

Idle::Idle ()
{
```

```
    create   (0x400, 15);
}


// Die Main-Klasse initialisiert die UserThreads und ist
// nur zum Teil implementiert. Die Funktion threadcode()
// darf der User selber schreiben, damit er seine
// eigenen Threads starten kann. Der Thread ist also
// ein Aequivalent zur C-Funktion main().

Main::Main ()
{
    create   (0x4000, 0);
}
```

Timer–Handling

Der Timer hat in OMT zwei Funktionen. Die von einem Anwendungsprogramm sichtbare Seite ist die zeitweilige Suspendierung von Threads durch den Aufruf `sleep()`. Die zweite, wichtigere Aufgabe ist die Initiierung des Round–Robin–Schedulings, wenn die Zeitscheibe eines Threads abgelaufen ist. Dabei sind in der Interrupt–Servicefunktion direkte Zugriffe auf die Hardware unvermeidlich.

```
// -------------------------------------------------------
// Projekt: OMT 1.2
// Modul   : OMTCLOCK.CPP
//
// Implementiert das ClockManagement von OMTK
//
// Sprache: C++
// Tools   : Turbo C++ 3.0
//
// Markus Weinlaender
// 21.05.1994
```

```
//
// Copyright (C) Verlag Vieweg 1995. All rights reserved.
// -----------------------------------------------------------

#include <omt.hpp>
#include <stdio.h>

// Interrupthandler fuer den Timer (INT 8h). Es werden die
// schlafenden Threads bewertet, danach ueber einen
// Threadwechsel entschieden (entweder wenn ein Thread
// erwachte oder wenn eine Zeitscheibe abgelaufen ist).
// Ein Threadwechsel kann nur erfolgen, wenn sich kein
// Thread im Systemcode von MS-DOS befindet (*indos > 1).

void interrupt clock_adapt (...)
{
    KERNELMODE ();

// Schlafende Threads bearbeiten
    int found = ClockManager->chkticks ();

// AEOI fuer den PIC 8259
    outportb (0x20, 0x20);

// Threadwechsel (aber nur, wenn ausserhalb von DOS)?
    if (!(*indos))
    {

// Threadwechsel, da ein Thread erwachte
        if (found)
        {
            clock_ticks = 0;
            ThreadManager->yield();
        }
        else
```

```
// Threadwechsel nach RR, wenn time-out
            if (clock_ticks++>TIMESLICE)
                ThreadManager->yield(yes);
    }
    USERMODE ();
}

// Die Klasse SleepClockQueue dient zur Verwaltung
// der "schlafenden" Threads. Sie baut dazu eine
// unsortierte Schlange der schlafenden Threads auf, die
// regelmaessig durchkaemmt wird, um die Timer zu
// dekrementieren und schlafende Threads zu wecken.

void SleepClockQueue::sleep (unsigned long ticks)
{
    if (!ticks)
        return;
    KERNELMODE ();
    link (ThreadManager->block());
    last->timer = ticks;
    ThreadManager->yield ();
}

// Fuehrt Zeitenzaehler weiter und weckt die Threads,
// falls die Zeit abgelaufen ist. Das Ergebnis ist 0,
// wenn kein Thread geweckt wurde, und 1, falls ein
// oder mehrere Thread(s) geweckt wurde(n).

int SleepClockQueue::chkticks ()
{
    Carrier* tmp, *qtmp;
    int found = 0;

    tmp = first;

// Queue durchkaemmen
```

```
    while (tmp != NULL)
    {

// Timer-Wert dekrementieren
        tmp->timer--;

// Thread wecken, da Schlafzeit abgelaufen
        if (!tmp->timer)
        {
            ThreadManager->ready (tmp->thread, no);
            if (tmp==first)
                first=first->next;
            if (tmp==last)
                last=last->prev;
            qtmp = tmp->next;
            delete tmp;
            tmp = qtmp;
            found = 1;
        }

// Naechstes Queue-Element bearbeiten
        else
            tmp = tmp->next;
    }
    return found;
}
```

Dispatcher

Die Aufgabe des Dispatchers ist es, den CPU–Kontext zwischen zwei Threads umzuladen. Da auf CPU–Register aus Hochsprachen wie C++ nicht zugegriffen werden kann, ist die Verwendung der Assembler–Sprache notwendig.

Die Arbeitsweise der Dispatch-Funktion in OMT ist mit PUSH/POP-Anweisungen typisch für parallele Systeme im sogenannten Real Mode der Intel-x86-Prozessoren, in dem DOS abläuft (der Protected Mode, der zum Beispiel von Windows oder verschiedenen UNIX-Portierungen genutzt wird, läßt das Modul fast gänzlich überflüssig werden).

```
; ---------------------------------------------------------
; Projekt: OMT 1.2
; Modul  : OMTIPX86.ASM
;
; Implementiert den Dispatcher fuer OMT
; Wichtig: Vor dem Aufruf sollte in den KERNEL MODE
;          gewechselt werden
;
; Sprache: ASM86
; Tools  : Turbo C++ 3.0
;
; Markus Weinlaender
; 21.05.1994
;
; Copyright (C) Verlag Vieweg 1995. All rights reserved.
; ---------------------------------------------------------

NAME    omtipx86
.MODEL  large
PUBLIC          C dispatcher
EXTRN           C schedule_adapt:far, C coprz:byte

.CODE
dispatcher      PROC    FAR

; CPU-Kontext auf den Threadstack retten
                PUSHF
                PUSH    AX
                PUSH    BX
```

```
                PUSH    CX
                PUSH    DX
                PUSH    SI
                PUSH    DI
                PUSH    BP
                PUSH    DS
                PUSH    ES

; Retten des i87-Status, wenn Coprozessor im System
                CMP     coprz,0
                JE      nocosv
                SUB     SP,94
                MOV     BP,SP
                FSAVE   [BP]

; Kontextwechsel ausloesen: SS:SP sichern, neuen SS:SP
; besorgen und laden
nocosv:         MOV     AX,SP
                PUSH    SS
                PUSH    AX
                CALL    schedule_adapt
                ADD     SP,4
                MOV     SP,AX
                MOV     SS,DX

; in den User Mode wechseln
                MOV     DX,21h
                MOV     AL,0
                OUT     DX,AL

; evtl. Coprozessor-Status laden
                CMP     coprz,0
                JE      nocold
                MOV     BP,SP
                FRSTOR  [BP]
                ADD     SP,94
```

```
; neuen CPU-Kontext laden
nocold: POP     ES
                POP     DS
                POP     BP
                POP     DI
                POP     SI
                POP     DX
                POP     CX
                POP     BX
                POP     AX
                POPF
                RET
dispatcher      ENDP

                END
```

Scheduler und Threadmanagement

Die Verwaltung der Threads ist durch die Instanz `ThreadManager` realisiert. Die Datei `omtsched.cpp` enthält dazu die Implementierung verschiedener Methoden zur Steuerung der Threadverwaltung. Wichtigste Funktion ist der Scheduler, der die CPU-Zuteilung an die konkurrierenden Threads gewährleistet.

```
// --------------------------------------------------
// Projekt: OMT 1.2
// Modul  : OMTSCHED.CPP
//
// Implementiert den Scheduler (ThreadManager).
// Scheduling-Strategie ist MLF
//
// Sprache: C++
// Tools  : Turbo C++ 3.0
//
```

```
// Markus Weinlaender
// 21.05.1994
//
// Copyright (C) Verlag Vieweg 1995. All rights reserved.
// ------------------------------------------------------------

#include <omt.hpp>
#include <dos.h>

// Das ThreadManagement ist die Realisierung des Schedulers
// und der Ready-Queues. Es gibt 16 priorisierte
// ready-to-run-Queues: 0 ist die hoechste Stufe. Das
// Scheduling funktioniert nach dem MLF-Algorithmus.


//  Ein Thread wird mit ready() eingefuegt (die Prioritaet
//  holt sich ThreadMan. aus dem Thread mit getprior() );
//  block() wirft den aktuellen Thread aus der ready-Queue.
//  Um die Speicherung von aktuellen Registerwerten in
//  einem geloeschten Thread zu vermeiden, dient end().

ThreadManagement::ThreadManagement ()
      :actualthread (NULL), actualqueue (0xff)
{}

ThreadManagement::~ThreadManagement ()
{}

// Fuegt einen Thread in die ready-Queue ein und loest
// einen Wechsel aus, wenn der aktuelle Thread mit
// niedrigerer Prioritaet lief (dies ist abhaengig
// von Parameter preempt: ist preempt == 0, wird
// KEIN Wechsel initiiert)

void ThreadManagement::ready (Base *thread, int preempt)
{
```

```
    int pr,iostate;

    if (thread==NULL)
        return;
    iostate = KERNELMODE();

// Prioritaet holen und evtl. erhoehen
    pr = thread->getprior ();
    if (pr>1) thread->setprior(--pr);

// Thread in Ready-Queue einfuegen und evtl. einen
// Kontextwechsel ausloesen
    ready_queues[pr].link (thread);
    if (actualqueue > pr && preempt)
        yield();
    USERMODE(iostate);
}

//  Blockiert den aktuellen Thread, d.h. entfernt
//  ihn aus der Ready-Queue. Die Objekt-Variable
//  actualthread bleibt unberuehrt, um beim naechsten
//  Dispatching die Register trotzdem in dem alten,
//  blockierten Thread speichern zu koennen

Base* ThreadManagement::block ()
{
    int iostate = KERNELMODE();
    if (actualthread==ready_queues[actualqueue]
        .first->thread)
    {
        ready_queues [actualqueue].unlink ();
        actualqueue = 0xff;
    }
    USERMODE(iostate);
    return actualthread;
}
```

```
// Waehlt einen neuen Thread  aus. Parameter ist der
// SS:SP-Wert des "outgoing"-Threads, Ergebnis ist
// SS:SP des neuen Threads.

long ThreadManagement::schedule (long stackpointer)
{
    int queuenr;

// Anforderung zum Beenden von OMT eingegangen?
    if (break_requested)
        exit (0);

// SS:SP speichern, wenn "actualthread" gueltig ist
    if (actualthread != NULL)
    {
        actualthread->setstack (stackpointer);

// Im folgenden Abschnitt findet Round-Robin statt, wenn
// der aktuelle Thread mit dem ersten Thread in der
// aktuellen Queue identisch ist.

        if (actualthread==ready_queues[actualqueue]
            .first->thread)
        {
            ready_queues[actualqueue].unlink ();
            ready_queues[actualthread->getprior()]
                        .link (actualthread);
        }
    }

// Nun werden alle Queues von 0..15 untersucht, ob sie
// einen oder mehrere Threads unterhalten. Wird ein Thread
// gefunden, so ist sein gespeicherter SS:SP-Wert das
// Ergebnis dieser Methode (aufgrund des Idle-Threads wird
// immer ein Thread gefunden!).
```

```
    for (queuenr = 0; queuenr < 16; queuenr++)
        if (ready_queues[queuenr].first != NULL)
        {
            actualqueue  = queuenr;
            actualthread = ready_queues[queuenr]
                               .first->thread;
            return actualthread->getstack ();
        }
    return 0;
}

//  Beendet einen Thread und gibt danach die CPU an den
//  naechsten Thread weiter.

void ThreadManagement::end ()
{
    KERNELMODE ();
    delete block ();
    actualthread = NULL;
    yield ();
}

//  Gibt die CPU an den naechsten Thread weiter.

void ThreadManagement::yield (int rrsched)
{
    KERNELMODE();

// Bei Round-Robin-Verdraengung die Prioritaet absenken
    if (rrsched==yes && actualthread->getprior()>0)
        actualthread->setprior(actualthread->getprior()+1);

    clock_ticks = 0;
    dispatcher();
}
```

Semaphore

Ein einfaches und wirkungsvolles Mittel zur Steuerung des gegenseitigen Ausschlusses bilden die Semaphore. Durch Einsatz eines Semaphors kann die konkurrierende Benutzung von Systemressourcen durch mehrere Threads kontrolliert werden. `omtsema.cpp` enthält die OMT–Lösung der Semaphore als C++–Klasse.

```
// -------------------------------------------------------------
// Projekt: OMT 1.2
// Modul   : OMTSEMA.CPP
//
// Implementiert die Semaphore fuer OMT
//
// Sprache: C++
// Tools   : Turbo C++ 3.0
//
// M. Weinlaender
// 21.05.1994
//
// Copyright (C) Verlag Vieweg 1995. All rights reserved.
// -------------------------------------------------------------

#include <omt.hpp>

// Nun kommen die Semaphore: der Konstruktor initialisiert
// das Semaphor auf einen beliebigen Wert (default ist 1).

Semaphor::Semaphor (int sema_init)
:Queue (), semaval(sema_init)
{}

// Die p()-Operation blockiert einen Thread, wenn semaval
// gleich Null ist, bzw. dekrementiert semaval.

void Semaphor::p ()
```

```
{
    int state;

    state = KERNELMODE ();
    if (semaval)
        semaval--;
    else
    {
        link (ThreadManager->block ());
        ThreadManager->yield ();
    }
    USERMODE (state);
}

// Die v()-Operation inkrementiert semaval, falls kein
// Thread schlaeft, bzw. weckt den ersten, schlafenden
// Thread.

void Semaphor::v ()
{
    int state;

    state = KERNELMODE ();
    if (first != NULL)
        ThreadManager->ready (unlink());
    else
        semaval++;
    USERMODE (state);
}
```

Signale

Die Kommunikation zwischen Threads kann zwei Formen haben: echter Datenaustausch oder Signalisierung verschiedener Ereignisse. Die Signale werden zum Beispiel eingesetzt, um das erfolgreiche

Beenden einer Berechnung anzuzeigen, damit der wartende Thread das Ergebnis abholen und weiterverarbeiten kann.

```
// -------------------------------------------------------
// Projekt: OMT 1.2
// Modul   : OMTSIG.CPP
//
// Implementiert die Signale fuer OMTK
//
// Sprache: C++
// Tools   : Turbo C++ 3.0
//
// Markus Weinlaender
// 21.05.1994
//
// Copyright (C) Verlag Vieweg 1995. All rights reserved.
// -------------------------------------------------------

#include <omt.hpp>

Signals::Signals ()
:Queue (), sigflag(0)
{}

// Bei einem wait()-Aufruf wird der Thread blockiert,
// bis ein anderer Thread signal() ausfuehrt. Der Thread
// wird nicht blockiert, wenn ein anderer Thread bereits
// zuvor signal() ausgefuehrt hat, bislang aber kein Thread
// auf dieses Signal wartete (sigflag == 1). Es koennen
// auch mehrere Threads auf ein und dasselbe Signal warten.

void Signals::wait ()
{
    KERNELMODE ();

// Signal gespeichert? Dann weitermachen
```

```
    if (sigflag)
        sigflag=0;

// ansonsten den Thread blockieren
    else
    {
        link (ThreadManager->block ());
        ThreadManager->yield ();
    }
}

// Die signal-Operation weckt ALLE schlafenden Threads.
// Wenn kein Thread wartet, wird sigflag auf eins gesetzt,
// um ein nicht abgeholtes Signal darzustellen.

void Signals::signal ()
{
    KERNELMODE ();

// Wartet kein Thread? Dann Signal speichern
    if (first==NULL)
        sigflag=1;

// Ansonsten ALLE wartenden Threads wecken
    else
    {
        sigflag=0;
        while (first != NULL)
            ThreadManager->ready (unlink(), no);
        ThreadManager->yield();
    }
    USERMODE ();
}
```

Botschaften

Aufwendige Kommunikationsprotokolle zwischen Threads, mit denen nicht nur Ereignisse angezeigt, sondern Daten ausgetauscht werden können, werden mit Hilfe von Botschaften aufgebaut. Dieser Mechanismus ist unter anderem die Grundlage für Client/Server–Architekturen und wird häufig zur Lastverteilung auf mehrere Threads eingesetzt.

Die Implementierung in `omtmsg.cpp` weicht etwas von der in Kapitel 4 vorgestellten Variante ab. Im Gegensatz zur Darstellung im Text werden nun keine Semaphore zur Blockierung der Threads eingesetzt, sondern direkt die Methoden des `ThreadManagers` verwendet. Die Realisierung wird dadurch effizienter.

```
// -----------------------------------------------------------
// Projekt: OMT 1.2
// Modul  : OMTMSG.CPP
//
// Implementiert die Message-Klasse fuer OMTK:
//    - send() wahlweise blockierend oder nicht-blockierend
//    - recv() wahlweise blockierend oder nicht-blockierend
//
// Sprache: C++
// Tools  : Turbo C++ 3.0
//
// Markus Weinlaender
// 05.07.1994
//
// Copyright (C) Verlag Vieweg 1995. All rights reserved.
// -----------------------------------------------------------

#include <omt.hpp>
#include <dos.h>
#include <mem.h>
```

```
// Konstruktor der Klasse MAILBOX

Mailbox::Mailbox()
        :mailcount(0), isend(0), irecv(0)
{}

// Destruktor: leer

Mailbox::~Mailbox()
{}

// Send-Aufruf: mail ist die Botschaft, mode gibt an,
// ob gewartet oder nicht gewartet wird, wenn die
// Mailbox voll ist.

int Mailbox::send(mailrec &mail, int mode)
{
    int erg=QREADY;
    KERNELMODE();

// Ist die Mailbox ueberfuellt?
    if (mailcount==QLEN && mode==NOWAIT)
        erg=QFULL;
    else
    {

// Mail ist zu lang?
        if (mail.len>MSGLEN)
            erg=QERROR;
        else
        {

// ansonsten: solange den Thread blockieren, bis ein
// Schreiben in die Mailbox moeglich wird
            while (mailcount==QLEN)
            {
```

```
                qs.link(ThreadManager->block());
                ThreadManager->yield();
                KERNELMODE();
            }

// Mail im Briefkasten speichern
            mails[isend].len=mail.len;
            memcpy (mails[isend].msg, mail.msg, mail.len);
            if ((++isend)==QLEN)
                isend=0;
            mailcount++;

// Einen evtl. auf Mail wartenden Thread wecken
            ThreadManager->ready (qr.unlink());
        }
    }
    USERMODE ();
    return erg;
}

// Mail abholen (Parameter wie send)

int Mailbox::recv(mailrec &mail, int mode)
{
    int erg=QREADY;
    KERNELMODE();

// Keine Botschaft in der Mailbox?
    if (mode==NOWAIT && mailcount==0)
        erg=QEMPTY;
    else
    {

// Solange blockieren, bis Mail da ist
        while (mailcount==0)
        {
```

```
            qr.link(ThreadManager->block());
            ThreadManager->yield();
            KERNELMODE();
        }

// Mail kopieren
        mail.len=mails[irecv].len;
        memcpy (mail.msg, mails[irecv].msg, mail.len);
        if (++irecv==QLEN)
            irecv=0;
        mailcount--;

// Einen Thread, der eine Botschaft in der Mailbox
// hinterlegen will, wecken.
       ThreadManager->ready(qs.unlink());
    }
    USERMODE();
    return erg;
}
```

5.4 Generierung des Systems

Alle Quelltextdateien sind auf der Diskette im Verzeichnis `src` gespeichert. Im Hauptverzeichnis finden sich Projektdateien für alle Beispiele und zur Erzeugung der OMT-Kerneldatei `omt.lib`. Im Verzeichnis `exe` findet sich die fertig übersetzte Library sowie die ausführbaren Programme sämtlicher Beispielprogramme, deren Quelltexte im Directory `apl` enthalten. Die Include-Datei `omt.hpp` findet sich im Verzeichnis `inc`.

Die Module von OMT und sämtliche Beispiele müssen mit Borland/Turbo C++-Compilern ab Version 1.0 übersetzt werden; für die Datei `omtipx86.asm` wird der Turbo Assembler ab Version 2.0 benötigt.

Folgende Optionen sind einzustellen, sofern die Projektdateien nicht genutzt werden können:

- Options/Compiler/Code Generation:
  „Model“ = Large
- Options/Compiler/Advanced Code Generation:
  „Floating Point“ = 8087 oder None
  „Instruction Set“ = 8088/8086
- Options/Compiler/Entry/Exit Code Generation:
  „Prolog/Epilog Code Generation“ = Standard
  „Calling Conventions“ = C
  „Stack Options“ : Test stack overflow *abschalten*

Die einzelnen Systemdateien (`omtxxx.cpp`, `omtipx86.asm`) können zusammen mit der Applikation übersetzt und gebunden werden; besser ist jedoch die Generierung einer Library `omt.lib`, die dann zu jeder Anwendung gelinkt wird. Zur Generierung der Librarydatei kann das Projekt `omt.prj` verwendet werden.

Die Beispielsprogramme können mit vordefinierten Projektdateien erzeugt werden:

Projekt	Beispiel
PHILO.PRJ	Speisende Philosophen (S. 145)
SORT.PRJ	Paralleles Sortieren mit Pipeline–Struktur (S. 166)
FRAC.PRJ	Client/Server–Fraktalberechnung (S. 173)

Für eigene Applikationen kann die Datei `newapl.prj` als Projektrumpf dienen.

Kapitel 6

Nachwort

Parallele Algorithmen können sehr elegante Lösungen zu klassischen Problemen bieten. Das Sortieren von Zahlen (vgl. Seite 166) ist ein gutes Beispiel, wie der Einsatz von Threads zu einer neuen Implementierung führt. Wie auch die objektorientierte Programmierung bietet die Parallelisierung einen Ansatz, reale Systeme und Vorgänge genauer und überschaubarer im Rechner abzubilden. Die möglichen Anwendungen sind vielfältig und kaum absehbar; sie reichen von Simulationsprogrammen über Bedien- und Beobachtungssysteme bis hin zur Palette der Bürosoftware.

Der Kern eines parallelen Systems muß Funktionen und Strukturen zur Verfügung stellen, die die interne Verwaltung von parallelen Programmelementen, den Threads, erlauben. Dazu gehören Möglichkeiten

- zur Organisation von FIFO-Warteschlangen, die als Basis-Datenstruktur in nahezu allen Systemdiensten verwendet werden;

- zum Erzeugen, Löschen und Umladen von Thread-Kontexten, die im wesentlichen die Inhalte der CPU-Register und einen eigenen Threadstack umfassen;

- zur gerechten Verteilung von Systemressourcen wie der CPU, wobei es vor allem bei den Scheduling-Algorithmen verschiedene Varianten je nach Einsatz des Systems gibt.

Eine Applikation „lebt“ jedoch weniger von der Menge seiner unterschiedlichen Threads, als von deren Interaktionen und Beziehungen. Das Betriebssystem muß dafür passende Dienste anbieten. Typische Instrumente für die Kommunikation sind Botschaften, die die Übertragung von Daten erlauben, und Signale (zur Darstellung von Ereignissen). Ein bewährtes Synchronisationsmittel sind Semaphore, die oft zur Sicherstellung des gegenseitigen Ausschlusses bei globalen Resourcen benutzt werden.

Die Schnittstellen zu den Kommunikationsdiensten sind jedoch häufig fehleranfällig. So muß der Programmierer die Reihenfolge der Semaphor-Operationen genau beachten, da er andernfalls eine Blockierung seiner Threads erreicht. Wünschenswert wäre eine transparentere Gestaltung der Systemaufrufe. In C++ könnte zum Beispiel eine globale Resource in einer eigenen Klasse repräsentiert werden, die die Zuweisungs- und type casting-Operatoren so überlädt, daß sie automatisch für den gegenseitigen Ausschluß sorgen kann. Ein ähnliches Mittel sind die im Buch besprochenen Monitore, bei denen der Compiler für die Zugriffsabsicherung sorgt.

Nur wenn solche geeigneten Entwicklungsumgebungen zur Verfügung stehen, werden sich parallele Konzepte auf breiterer Ebene durchsetzen. Ein schwierig zu handhabender oder fehlerträchtiger Mechanismus gerät schnell in den Ruf, nur etwas für „Cracks“ oder System-„Gurus“ zu sein. Ein Beispiel dafür sind die Funktionszeiger in C, die lange als kompliziert und schwierig galten - nicht ohne

Grund! Die virtuellen Funktionen von C++ hingegen sind technisch nichts anderes als Funktionspointer, doch sie werden gerne genutzt, da sie eine einfache und fehlersichere Schnittstelle haben und ihre Vorteile deutlicher erkannt werden.

Der größte Forschungsbedarf besteht jedoch bei der Parallelisierung von Algorithmen. Es ist eine überaus komplexe Aufgabe, eine möglichst effiziente, parallele Lösung zu einem Problem zu finden. Oft ergeben sich „Flaschenhälse“ bei der Ausführung, die den Programmfluß im Extremfall quasi-serialisieren. Die Schwierigkeiten treten immer dann auf, wenn Abhängigkeiten zwischen Threads auftreten, wenn zum Beispiel ein Thread A immer auf ein Ergebnis von Thread B warten muß. Diese Abhängigkeiten aufzulösen könnte in Zukunft sogar durch hochoptimierende Compiler erfolgen.

Die gängigen kommerziellen Betriebssysteme wie OS/2 oder Windows NT und deren Entwicklungswerkzeuge sind davon jedoch weit entfernt. Selbst das Multithreading wird nur in wenigen, professionellen Anwendungen genutzt.

Anhang A

Literaturverzeichnis

[1] Bach, Maurice J.: UNIX - Wie funktioniert das Betriebssystem?
Hanser Verlag: München 1991

[2] Ben–Ari, M.: Grundlagen der Parallel–Programmierung
Hanser Verlag: München 1985

[3] Bic, Lubomir: Betriebssysteme — Eine moderne Einführung
Hanser Verlag: München 1992

[4] Custer, Helen: Inside Windows NT
Microsoft Press: München 1993

[5] Deitel, Harvey M.: Operating Systems
Addison–Wesley: Reading (u.a.) 1990

[6] Tanenbaum, Andrew S.: Betriebssysteme — Entwurf und Realisierung
Hanser Verlag: München 1990

[7] Tanenbaum, Andrew S.: Moderne Betriebssysteme
Hanser Verlag: München 1994

[8] Thies, Klaus–Dieter: Multitasking
Hanser Verlag: München 1994

Programmierung und PC–Architektur

[9] Hummel, Robert L.: Die Intel–Familie — Technisches Referenzhandbuch
Te–Wi Verlag: München 1992

[10] Intel (Hrsg.): 386 DX Microprocessor Programmer's Reference Manual
Intel: Santa Clara 1990

[11] Ottmann, Thomas / Widmayer, Peter: Algorithmen und Datenstrukturen
Bibliographisches Institut: Mannheim (u.a.) 1990

[12] Phoenix Ltd. (Hrsg.): System BIOS for IBM PCs, Compatibles and EISA Computers — The Complete Guide
Addison–Wesley: Reading (u.a.) 1991

[13] Thies, Klaus–Dieter: Die 8085/8086 Interfaces
Te–Wi Verlag: München 1983

[14] Thies, Klaus–Dieter: Das PC/XT/AT Assemblerbuch
Te–Wi Verlag: München 1988

C++ und OOP

[15] Microsoft GmbH (Hrsg.): Richtig einsteigen in C++
Microsoft Press: München 1992

[16] Raasch, Jörg: Systementwicklung mit Strukturierten Methoden
Hanser Verlag: München 1993

[17] Rumbaugh, James (et. al.): Object–Oriented Modeling and Design
Prentice Hall: Englewood Cliffs 1991

[18] Stroustrup, Bjarne: Die C++ Programmiersprache
Addison Wesley: Bonn (u.a.) 1992

[19] Stroustrup, Bjarne: The Design and Evolution of C++
Addison Wesley: Reading (u.a.) 1994

Anhang B

Stichwortverzeichnis

A

ADA 153
Adreßbus 185
Aggregation 51
  Darstellung 57
Aktives Warten 67
Algorithmen
  parallele 166, 176, 251
Alias 21
ALU 186
Anwendungssoftware 1, 251
Assembler 16, 90, 190
Assoziation 51
  Darstellung 54
Asynchron 119
Atomare Prozeduren 109, 125

B

Base (Klasse) 75, 201, 224
Bediensysteme 251
Betriebsmittel 120, 132, 146
  Freigabe 136
Bibliothek 27, 64, 171, 183
Borland-Compiler 17, 80, 248
Botschaften 12, 151, 203
  Adressierung 161
  an Gruppen 163
  Mailboxes 157
  Multicasting 164
  Rendezvous-Konzept 153
Bus Interface Unit 186

C

C++ 64
  Default-Parameter 19, 32
  Operatoren 23
  Referenzen 21
  Speicherverwaltung 23
Carrier (Klasse) 83, 221
CD-ROM 6
class (Schlüsselwort) 28
Client/Server 12, 172
ClockManager (Klasse) 150, 204, 230

Compiler 25, 62, 128, 253
CPU 114, 185
    Auslastung 67
    Befehlsatz 90, 190
    Flagregister 17, 188
    Register 65, 77, 187
    Zuteilung 4, 88

D

Dämon 164
Dateisystem 5
Datenbank 1, 25, 128, 180
Datenbus 184
Datenschutz 5, 70
Datentyp 23, 47
Deadlock 132
    Vermeidung 135
Debugger 71
Define–Anweisung 21
Destruktor 32
Dispatcher 88, 233
Doppelte Verkettung 82
Drucker 7, 120, 171

E

Echtzeitsysteme 3, 103
Effizienz 66
Eigenschaften 27
Entitätsausdrücke 54
Entwicklung
    Konvention 135
    Stil 50
    Werkzeuge 15
Exception 5
Executable loader 62, 190
Execution Unit 186

F

Fehlersicherheit 135
Fenster 171
FIFO 82, 125, 221
Filesystem 3
Flagregister 17
FPU 113
Frühe Bindung 39
Fraktalberechnung 176
free (Funktion) 23
Friend (Qualifizierer) 45
Funktionen
    Parameter 151
    variable Parameter 19
    Zeiger auf 17, 252

G

Gegenseitiger Ausschluß 4, 73, 120, 130, 150, 160
Gerätetreiber 7, 15
Gerechtigkeit 99
Grafikserver 173
Grafische Oberfläche 8, 171

H

Hardware–Kompatibilität 2

Hauptspeicher 184
Heap 4
Hochlauf 110

I

Idle (Thread) 111, 115, 224
Industrierechner 15
Information hiding 9, 42
Instanz 28
    Erzeugen 30, 111
    Implementierung 30
Interrupt 90, 114, 140, 192
    Controller 109, 194
    DOS–Schnittstelle 9
Isolierte Speicher 70

K

Kapselung 26, 40, 128
    friend–Funktion 45
    private 42
    protected 43
    public 41
Kernel Mode 109, 216
Klassen 25, 64
    Definition 28
    Eigenschaften 27
    Instanzen 30
    Konzept 18
    Methode 27
    Symbol 53
    this 34
Konkurrenz 120, 129, 146
Konstruktor 31, 64
Kontext 62
    Umladen 72, 88, 90, 233
    Wechsel 66, 88
Kooperation 89, 135, 146
Kritischer Abschnitt 120

L

LAN 13
Lebendigkeit 146
Library 27, 64, 171, 183
Linker 62
LISP 18
Liste 82

M

Mailbox (Klasse) 158, 203, 245
    Objektmodell 159
Main (Funktion) 110, 218
Main (Thread) 111, 116, 169, 224
malloc (Funktion) 23
Maschinenkontext 65
Mehrfachanforderung 134
Message Passing 152
Methoden 27, 64
    Überladen 36
    virtuell 38, 252
Mikrocode 186
Monitor 128
MS–DOS 2, 27, 184

MS–Windows 2, 89
Multilevel–feedback 106
Multitasking 63, 89
Multithreading 74
Mutual Exclusion 4, 120, 130, 150, 160

N

Netzwerk 13, 180

O

Objekt 25
- Beziehungen 50
- Eigenschaften 27
- Methoden 27
- Symbol 53
- Typ 28

Objektdatei 63
Objektmodell 53
OOP 25, 50, 251
Operator
- Überladen 24, 216
- new/delete 23, 64, 198
- Referenz 21

OS/2 2, 253

P

p/v–Operationen 123, 129
Paralleles Sortieren 166, 251
Parallelisierung 253
PC 1, 184
Pipeline–Modell 138, 166
Polymorphie 27, 47
printf (Funktion) 19
Priority based 103
Private (Qualifizierer) 42
Programm 61
- Ausführung 3

Protected (Qualifizierer) 43
Protected Mode 5
Prototyping 20, 205
Prozeß 61
- Control Block 65
- Kontext 62, 64
- Terminieren 63
- Zustände 67

Prozessor 114, 185
- Auslastung 67
- Befehlsatz 90, 190
- Flagregister 17, 188
- Register 65, 77, 187
- Zuteilung 4, 88

Public (Qualifizierer) 41
puts (Funktion) 19

Q

Queue (Klasse) 86, 125, 221
- Objektmodell 87

R

RAM 5, 184
Ready–Queues 93
Real Mode 4

Rechenleistung 66
Reentranz 113
Referenzen 21
Relokalisieren 3
Ringpuffer 159
Round–Robin 100, 185
Runtime Library 64

S

Scheduler 88, 236
Scheduling–Algorithmen 92
    Multilevel–feedback 106
    Priority based 103
    Round–Robin 100
Schichten 11
Seiteneffekt 23
Semaphor (Klasse) 125, 202, 241
    Objektmodell 126
Semaphore 123, 202
    Anwendung 146, 157, 160
    binär 125
Server 173
Shared memory 70
Signale 139, 203
    Anwendung 146
Signals (Klasse) 203, 242
    Objektmodell 142
Simulation 251
Singletasking 74
Software–Engineering 52
Solaris 2
SORIX 2
Sortieralgorithmus 26
    parallel 166
Sourcecode 62, 205
    Dispatcher 233
    Hochlauf 218
    Mailboxes 245
    Queue 221
    Scheduler 236
    Semaphore 241
    Signale 242
    Speicherverwaltung 216
    Threads 224
Späte Bindung 39
Speicher 198
    in C++ 23, 216
    Modell 4
    Schutz 5
    Segmentierung 188
    Verwaltung 3, 4
    virtuell 5
Speisende Philosophen 145
Streamdateien 6
Strukturmodell 8
Synchronisation 139
Syntax–Parser 18

T

Task 61
Teammodell 138, 146
Textverarbeitung 25, 71
this (Schlüsselwort) 34

Thread 71, 201
  Auswahl 92
  Client 176
  Dämon 164
  Idle 111, 115, 224
  Kontext 75, 88
  Main 111, 116, 224
  Priorität 81, 103
  Server 173
ThreadManager (Klasse) 93, 199, 236
  Erzeugung 111
  Objektmodell 98
Tilde–Zeichen 33
Timer 101, 196, 230
Timeslice–Systeme 102, 120
Typinformation 19

U

UNIX 2, 66, 89
Ununterbrechbar 110, 127
User Mode 109, 216

V

Vaterklasse 35, 40
Verdrängung 89
Vererbung 27, 51
  Darstellung 54
  mehrfach 39
  virtuell 38
Verklemmung 132
Verschlüsselung 7
Verteiler/Arbeiter 138, 178
Verteilte Systeme 13, 180
VMT 38, 64

W

Warteschlange 81
Wartezeit 99
Wiederanlauf 136
Windows NT 180, 253

Z

Zeitscheibe 102, 120
Zeitverwaltung 204
Zugriffsqualifizierer 41
Zugriffsrecht 121
Zugriffsschutz 5, 7
Zustandsmodelle 67
  blocked 68
  not exist 68
  ready to run 67
  running 67
Zyklisches Warten 134

C/C++ Werkzeugkasten

von Arno Damberger

1994. XVI, 651 Seiten mit CD-ROM. Gebunden.
ISBN 3-528-05394-1

Aus dem Inhalt: Programmtechnische Handhabung von Eingabegeräten (Tastatur und Maus) – Laufwerks- und Verzeichnisoperationen – Speicherbearbeitung mit Speichereditor – Datum und Uhrzeit – PC-Konfiguration – Interrupt-handling – Druckertest – Sprachausgabe über den PC-Lautsprecher – Sprachausgabe über die Soundblasterkarte – VGA-Grafikkartenanwendung – Ausgabe von PC-Grafikdateien – TSR-Programme – Zahlreiche Tools und Beispielapplikationen.

Dieses Buch liefert das erforderliche Know-how zur Programmierung von modernen Personal-Computern und peripheren Geräten auf Maschinenebene, um somit professionelle Applikationen erstellen zu können. Neben der Softwareschnittstelle zu allen PC-Hardwarekomponenten werden auch brandaktuelle Themen, wie Sprachausgabe und Grafikbearbeitung in vollem Umfang erläutert. Die vorgestellten Programme werden auf Modulebene ausführlich dokumentiert und mit Ablaufdiagrammen illustriert. Besonderen Wert legt das Buch auf die objektorientierte Realisierung von Anwendungen, so daß dem Leser vielfach die OOP-Varianten herkömmlicher C-Programme vorgestellt werden.

Über den Autor: Arno Damberger ist in der Industrie im Software-Projektmanagement tätig. Er verfügt über hochkarätige Kenntnisse und Erfahrungen in der Softwareentwicklung mit C, C++ und Assembler.

Verlag Vieweg · Postfach 58 29 · 65048 Wiesbaden

Klaus Kannemann

UNIX – Das Betriebssystem und die Shells

1992. XVI, 471 Seiten. Gebunden.
ISBN 3-528-05198-1

Nichts Vergleichbares gab es bisher in der UNIX-Literatur. Sprachlich und technisch auf höchstem Niveau versteht es der Autor, UNIX in den klassischen Begriffskategorien des applied systems engineering verständlich darzustellen. Dabei ist es erklärtermaßen die Absicht, den „kostspieligsten Einsatz des Lesers, nämlich die zum Lesen aufgewendete Zeit, mit grundlegendem und nachhaltigem Wissen zu vergüten."

C unter UNIX

1992. XII, 500 Seiten. Gebunden.
ISBN 3-528-05251-1

Mit diesem Buch bietet der Altmeister der UNIX-Szene die Essenz seiner Erfahrungen mit der C-Programmierung – eine, tiefgestapelt gesprochen, „grundlegende Einführung. Es handelt sich um ein Werk, das der Vergänglichkeit üblicher Computerliteratur enthoben ist Nur Bewährtes und in Zukunft sich Bewährendes findet hier seinen Platz.

UNIX-Werkzeuge

1994. XVI, 465 Seiten. Gebunden.
ISBN 3-528-05383-6

Aus dem Inhalt: Die einheimischen Texteditoren ed, ex/vi, sed: Arbeitsweise und Leistungsmerkmale; Anpassung und Optimierung – Lexikalische Bestimmungssyntax zur Textverarbeitung – Einrichtungen zur lexikalischen Textverarbeitung – Informationsschöpfung und Formatieren – Das Quellkode-Verwaltungssystem sccs – Das Modul-Verwaltungssystem make.

Das Buch bietet eine zuverlässige Einstiegs- und Arbeitshilfe zur Text- und Quellkodeverarbeitung unter UNIX

Über den Autor: Klaus Kannemann, M.Sc. lebt in Vancouver, Kanada, und dürfte als einer der ganz wenigen UNIX-Experten von internationalem Rang angesehen werden können. Im übrigen zeichnet ihn aus, was heute nicht bei jedem Fachbuchautor gegeben ist: Er vermag es mit ausgeprägter sprachlicher Kunstfertigkeit, präzise und verständlich technische Sachverhalte darzustellen. Die Folge: Dieses Buch ist in jeder Hinsicht ein Gewinn für den anspruchsvollen Leser.

Verlag Vieweg · Postfach 58 29 · 65048 Wiesbaden

vieweg